당신이 궁금한 모바일 이야기

당신이 궁금한 모바일 이야기

초판인쇄 2015년 4월 10일
초판발행 2015년 4월 10일

지은이 김성규
펴낸이 채종준
기획 이아연
편집 조은아
디자인 박능원 · 조은아
마케팅 황영주 · 이행은

펴낸곳 한국학술정보(주)
주소 경기도 파주시 회동길 230 (문발동)
전화 031 908 3181(대표)
팩스 031 908 3189
홈페이지 http://ebook.kstudy.com
E-mail 출판사업부 publish@kstudy.com
등록 제일산-115호 2000. 6. 19

ISBN 978-89-268-6853-9 13580

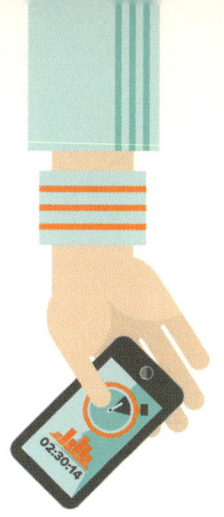

당신이 궁금한
모바일
이야기

김성규 지음

이담
Books

일러두기

단말기 유통구조 개선법이 2014년 10월 1일자로 시행됨에 따라 대리점 및 판매점 등의 유통망에서 핸드폰 판매 방식의 변화가 나타났다.

이 책의 1장 및 2장에서는 단말기 유통구조 개선법 시행 전의 상황을 설명하였고 2장 후반에 법 시행에 따른 변화된 모습을 서술하였다. 단말기 유통구조 개선법 시행 전후로 핸드폰 유통 시장의 모습이 바뀌었다. 새로운 법의 시행에 따라 이동통신 시장의 흐름이 바뀌어가는 모습을 살펴보는 것도 의미가 있을 것이다.

이 책과 관련된 기업이나 조직의 이름은 필요가 있을 시 이니셜로 표기하였다. 1장의 핸드폰 가격을 설명하는 부분에서의 구체적인 수치와 금액은 설명을 돕기 위한 가상의 데이터임을 미리 밝혀둔다.

당신의 핸드폰과
당신을 만나도록 도와준
모든 사람을 생각하며

프롤로그

핸드폰을 바라보는 당신의 안목과 품격을 높여라!

우리의 일상생활을 위해 떼려야 뗄 수 없는, 아니 오히려 우리의 일상을 지배하고 모든 국민의 필수품이 되어버린 핸드폰. 이 핸드폰을 통해 우리는 일을 하고 밥도 먹고 공부도 하고 여행도 가고 사랑도 한다. 핸드폰이 제공하는 통신 서비스를 중심으로 펼쳐지는 사람들의 다양한 일상생활. 이러한 생활 속에는 핸드폰을 구매하려는 고객 말고도 핸드폰이 특별히 중요한 사람들도 있다. 그중에는 대리점 직원도 있고 판매점 사장도 있고 통신회사 직원도 있다.

필자는 통신회사에 10년간 근무하면서 경험했던 핸드폰을 주제로 발생하는 다양한 일들, 그리고 그 일들에 따라 희로애락을 느끼는 많은 사람에 대한 이야기를 나누고 싶었다. 그리고 이를 통해 핸드폰을 바라보는 사람들의 품격과 안목을 높이는 데 작은 도움이 되고 싶었다. 우리나라의 통신 시장이 움직이는 모습들을 각자가 몸담고 있는 곳으로부터 다양한 관점으로 바라보면서 고객, 판매 직원, 통신회사 직원 등 여러 사람이 모두 서로에 대해 좀 더 이해할 수 있다면 적어도 우리 사회에서 통신의 작은 부분에서는 더 열린 소통이 이루어질 것이라는 믿음에서 이 책을 집필하게 되었다. 이 책의 제목을 『당신이 궁금한 '모바일' 이야기』라고 명명하긴 했지만, 모바일의 총아인 '핸드폰'이 이야기의 중심이다. 이 책은 핸드폰이라는 주제에 대한 무미건조하고 무거운 설명은 아니다. 이 책이 보다 많은 사람들이 핸드폰을 통해 상상할 수 있는 다양한 아젠다Agenda에 쉽게 접근할 수 있도록 하는, 재미있는 에스프리Esprit가 되었으면 하는 바람이다.

이 책은 총 다섯 개 장으로 이루어져 있다. 먼저 첫 번째 장 '핸드폰을 보는 눈'에서는 고객들이 가장 궁금해할 핸드폰의 시장 가격이 도대체 어떤 방식으로 형성되며 통신 시장이 어떤 형태로 운영되어 가는가에 대한 이야기를 들려줄 것이다. 그리고 이제는 핸드폰의 대명사가 되고 있고 오히려 '핸드폰'이라는 용어 자체가 그 자리를 내주어야 할지도 모르는 '스마트폰'에 대한 이야기를 통해 갈수록 스마트화, 컨버전스Convergence화하고 있는 핸드폰의 요즘 모습을 살펴보고 스마트폰으로 인하여 새롭게 대두하고 있는 정보 격차 문제의 해소를 위해 어떤 준비가 필요한지 고민해볼 것이다.

두 번째 장 '고객의 안목'에서는 고객이 실제로 핸드폰을 구매할 때 좀 더 똑똑한 선택을 하기 위해 알아두어야 할 사항들과, 고객이 통신 서비스를 사용할 때는 잊고 있다가 막상 요금청구 시점에는 고객에게 항상 민감하게 다가오는 요금제에 대한 설명을 풀어나갈 것이다.

세 번째 장 '대리점의 품격'에서는 핸드폰 사업을 생업으로 운영하는 입장인 대리점의 속사정과 잘되는 매장은 어떠한 점이 남다른지, 그리고 고객에게 사랑받는 매장 직원은 어떤 사람들인지에 대해 살펴볼 것이다.

네 번째 장 '마케터로 산다는 것'에서는 대리점을 종합 관리하는 업무를 담당하고 있는 이 시대의 통신회사 마케터들의 일상을 살짝 들여다봄으로써 직장인으로서 조직생활의 희로애락을 함께 느껴보고자 한다.

마지막 다섯 번째 장 '다양한 유통망과 서비스'에서는 통신 시장과 관련된 다양한 주제를 소개함으로써 독자들이 화두를 던질 만한 우리나라 통신 시장의 편린片鱗을 살펴보고자 한다.

이 책을 집필할 때 어려운 내용이 있을 지라도 무조건 독자들이 읽기 쉽고 재미있는 책을 만드리라는 다짐으로 시작했지만, 머지않아 그것이 세상에서 가장 어려운 일 중 하나임을 절감하게 되었다! 쉽게 풀어 쓰려고 열심히 노력했지만 여전히 독자에게 생경하게 느껴지는 부분이 있는 것은 아닌지 노심초사하고 있다. 필자의 노력이 금의야행錦衣夜行한 것만은 아니었음이 조금이라도 독자 여러분께 전해질 수 있기를 간절히 바랄 따름이다.

이 책을 집필하기 위해 많은 분들에게 가르침과 도움을 받았다. 마케팅의 스승이신 박강근 본부장님, 이상훈 매니저님을 비롯하여 응원해주신 수도권 마케팅본부 및 마케팅부문의 여러 선후배님과 유원, 원원, 파천교, 도일, 염창 대리점 사장님을 비롯한 강서마케팅팀 대리점 가족 여러분, 물심양면으로 도와주신 윤리경영실 구성원 여러분들, 특히 일반 독자의 입장에서 아낌없는 조언을 해주신 서울대학교 행정대학원 김상헌 교수님을 비롯한 원우院友들께도 다시 한 번 감사의 말씀을 드리고 싶다. 항상 삶의 이유이자 힘의 원천이 되는, 사랑하는 가족들에게도 깊은 감사의 말씀을 올린다.

知則爲眞愛 愛則爲眞看…….
알면 참으로 사랑하게 되고, 사랑하면 참되게 보게 되나니…….

필자가 좋아하는 문구이기도 한데 조선시대 선비 유한준이 석농 김광국을 칭송하며 쓴 『석농화원石農畵苑』—석농이 평생 수집한 회화를 화첩으로 꾸며 놓은 책— 서문의 한 부분이다. 이 발문의 내용이 비단 회화에만 해당하는 것은 아닐 것이다. 독자들이 이 책을 통해 핸드폰에 담겨 있는 우리의 일상에 대해 더 잘 알게 되고 또한 사랑하게 되어, 서로를 참되게 바라볼 수 있는 안목을 높이고, 궁극적으로는 핸드폰을 통해 모두가 서로 이해하고 소통하는 데 조그마한 도움이 된다면 더 바랄 것이 없다.

원고를 꼼꼼하게 검토해준 이교혁 매니저께 감사드리며, 한국학술정보 임직원 여러분께도 이 자리를 빌려 감사의 인사를 드린다. 부족한 원고를 잘 봐주신 도서기획팀 조현수팀장님과 이아연님, 멋진 디자인을 해주신 북디자인팀 조은아님, 마지막으로 채종준 대표이사님께도 감사의 말씀을 드린다.

당신에게 핸드폰(스마트폰)이란?
우리 시대 일반 사용자들의 핸드폰(스마트폰)에 대한 어록

점점 의도치 않게 타인의 일상을 훔쳐보게 되는 것이
때론 머리가 복잡해질때가… 그럴 땐 오직 전화와 문자가 유일한 기능이었던
옛날 핸드폰이 그리워질 때가 있어요

– 이혜숙(아동심리치료사)

● ● ●

나에게 스마트폰이란 솔로몬 군도와 한국을 연결해주는 끈

– 이원필(산림조합중앙회)

● ● ●

스마트폰은 자꾸 보채는 아이 같다. 밥 달라… 문자 봐라…
업데이트 해줘… 카톡이다… 하트 받아라… 가끔은 나 좀 내버려둘래?

– 김현주(공무원)

● ● ●

스마트폰을 끄고 5일 동안 국내 여행을 갔던 적이 있습니다.
종이에 프린트한 지도를 들고 돌아다니니 색다른 느낌이 들더군요.
또 다른 매력을 느끼기 위해 가끔은 잠시 꺼놔도 좋을 것 같습니다.

– 김민정(화웨이 코리아)

● ● ●

편리하지만 그것에 익숙해져 의존하는 순간 바보가 되어버리는 무서운 존재

– 최홍욱(NH투자증권)

내가 폰인지, 폰이 나인지. 폰아일체

                    – 박상권(신우사)

• • •

스마트폰은 똑똑한 비서⋯ 그럴수록 사람들은 망각이 늘어난다.
일정은 달력 속에만, 전화번호는 연락처에만 저장된다. 우리 머릿속이 아닌⋯

                    – 김우영(세무사)

• • •

내 손가락 속도를 엄청 높여준 당신⋯

                    – 이보람(대학생)

• • •

내 손안에 작은 컴퓨터. 인터넷도 자유롭게 접속할 수 있고 간단한 문서 작성도
가능하며 다양한 게임까지⋯

                    – 오동훈(공무원)

• • •

혼자 있고 싶은 순간에도 유일하게 같이 있기를 허용하는 친구

                    – 윤선혜(공무원)

• • •

누군가를 기다릴 때 반드시 함께하게 되는 기다림의 대명사

                    – 장재혁(SK건설)

• • •

노트북도 아닌 것이 너무 비싸요

                    – 김도완(한국은행)

手机是新文明的种子(핸드폰은 신문명의 씨앗)
– 정철수(사업)

•••

새로운 모습이 항상 기대되는 고마운 친구
– 윤현기(삼성물산)

•••

스마트폰은 애인이다. 매일 만지고 싶고 주머니에 넣고 다니고 싶으니까
– 김대근(현대엔지니어링)

•••

나에게 스마트폰이란 그다지 스마트하게 사용하지 못하는 것
– 김건우(한국증권금융)

프롤로그 / 6

Chapter
ONE

핸드폰을 보는 눈

가격을 정하는 관점 / 19
번호이동: 번호를 이동하면 번호가 바뀐다? / 20
번호이동에 승부를 거는 이동통신사들 / 22
100만 원짜리 핸드폰이 0원에? / 25
실제 판매 현장에서는? / 28
모두가 행복한 시장이 되려면 / 29

핸드폰 시대의 생각 / 31
스마트폰의 시대 / 31
컨버전스의 시대 / 35
모바일 디바이드 / 39
모바일 이야기 하나 더 / 43

Chapter
TWO

고객의 안목

구매의 정석 / 49
호갱님, 당황하셨어요? / 49
호갱님 VS 좀 아는 고객님 / 55

CONTENTS

할부기간의 선택 / 58

통신 요금 바로 알기 / 62
통신비가 아닌 문화비 / 62

요금제의 구성 / 65

할인 반환금 / 68

단말기 유통구조 개선법 / 70
단말기 유통구조 개선법의 주요 조항과 내용 / 71

단말기 유통구조 개선법에 따른 변화 / 72

품격 있는 고객 / 76
고객 불만 / 77

명의도용 / 79

모바일 이야기 하나 더 / 82

Chapter
THREE

대리점의 품격

나는 대리점 사장이다 / 87
대리점과 판매점의 개념 / 88

당신이 핸드폰 가게를 차린다면? / 92

대리점이 싸나요? 판매점이 싸나요? / 94

행복한 박 사장님의 하루 / 97

이기는 통신 매장 / 101
천시지리인화 / 102

인상과 심상 / 103

깨진 유리창은 새것으로 / 105
강한 것은 단순하다 / 107
이야기의 힘 / 110

T요금설계사 프로그램 / 114
요금제, 그 뜨거운 감자 / 115
두 가지의 질문 / 117
스스로 이끄는 셀프 리더십 / 119
선즉제인: 우선 실행하라 / 121
참여와 공유 그리고 경쟁 / 123

직원의 품격 / 126
벤치마킹 / 127
독서경영 / 129
대외활동 / 132
교학상장 / 133
모바일 이야기 하나 더 / 136

Chapter
FOUR
마케터로 산다는 것

우리 시대의 마케터 / 141
이동통신 회사에서 마케터란? / 141
어느 마케터의 하루 / 144

최고의 마케터 / 148
관계지향형 / 149
실적지향형 / 150

데이터 분석형 / 152
달변가형 / 153

마케터의 조건 / 156
선수필승: 먼저 나서는 적극성 / 157
화이부동: 나를 지키며 세상과 어울림 / 160
주향불파: 두려움 없는 내공의 힘 / 162
증자살체: 감동을 주는 진정성 / 165
모바일 이야기 하나 더 / 168

Chapter
FIVE
다양한 유통망과 서비스

다양한 형태의 유통망 / 173
특수 유통망 / 174
대형 유통망 / 176
홈쇼핑 / 178
온라인 유통망 / 179
방문 판매 유통망 / 181

다른 형태의 통신 서비스 / 183
가상이동통신망 서비스 / 184
선불이동전화 서비스 / 185
모바일 이야기 하나 더 / 188

영화 속 전화기 이야기 / 190
에필로그 / 196

Chapter
ONE

핸드폰을 보는 눈

Price is what you pay. Value is what you get.
가격은 우리가 내는 돈이며, 가치는 그것을 통해 얻는 것이다.

- 워런 버핏 -

ONE
가격을 정하는 관점

재화의 가격과 수요량이 역逆의 관계라는 것을 나타내는 우하향의 수요곡선을 굳이 그려보지 않더라도 직관적으로 생각해볼 때 일반적인 형태의 재화라면 물건값이 쌀수록 판매량은 늘어날 것이다. 핸드폰 시장도 마찬가지다. 좋은 사양의 핸드폰 기기를 싸게 구매해서 사용할 수 있다면, 많은 사람이 기존에 사용하던 핸드폰을 새로운 기기로 바꿀 것이다. 그러나 핸드폰 가격은 시점과 지역에 따라 차이가 심하고 가격 형성 방법도 고객에게는 복잡하게 느껴진다. 지난 2012년에는 지식경제부에서 고객이 핸드폰 가격을 정확하게 인지할 수 있도록 판매자에게 매장에 진열된 핸드폰 모델마다 가격표를 붙이도록 한 '핸드폰 가격 표시제'를 전면적으로 시행하기도 했다.

　이 장에서는 핸드폰 시장과 가격에 대한 설명을 통해 고객이 핸드폰 가격 형성 메커니즘을 이해하는 데 도움을 주고자 한다.

번호이동: 번호를 이동하면 번호가 바뀐다?

2014년 연초부터 이동통신 시장에서는 '123대란'에 이어 '211대란'이라는 기현상이 나타났다. 2월 11일 새벽부터 서울 동대문구의 한 핸드폰 판매점 앞에 고객들이 200m가 넘도록 줄을 서서 기다리는, 말 그대로 장사진長蛇陣을 치고 있는 진풍경이 연출되었다. 이동통신사를 갈아타는번호이동 고객을 대상으로 핸드폰의 대폭적인 할인 판매가 시행된 것이다. 갤럭시노트3, 아이폰5S 등 출고가 100만 원 수준의 고가 스마트폰의 판매 가격이 10만 원대로 가격이 수직 낙하하는 '폰지점프(?)'를 해버린 것이다. 고객들이 매장 앞에서 긴 줄을 서게 된 이유는 인터넷을 통해 영업하는 핸드폰 판매 전문 사이트에서 고객들에게 해당 기종에 대해 사전 예약을 하게 한 다음 오프라인 매장으로 내방을 유도하여 매장에서 고객 확인을 하고 개통/판매하는 방식이었기 때문이다. 이날은 혹한의 날씨에도 불구하고 지방에서 새벽 기차를 타고 서울로 원정구매를 하러 온 고객들도 있었다. 이날 주요 인터넷 포털 사이트에서는 '211대란'이 실시간 검색어 1위로 올라오기도 했다.

고객이 핸드폰 가입 시 파격적인 가격 할인을 제시하는 경우는 대부분 번호이동 고객을 대상으로 한 경우가 많다. 번호이동은 고객이 이동통신 서비스를 신규 가입하는 형태의 하나다. 이동통신 서비스를 이용하는 고객이 핸드폰을 새로운 기기로 교체하는 방법은 크게 세 가지가 있다.

첫째, 순수 신규 개통이다. 이는 핸드폰을 아예 새로운 사용번호로 개통하는 것이다. 고객이 생애 최초로 핸드폰을 개통하게 되는 경우, 또는 원래 쓰고 있는 회선에서 새로운 회선을 본인 명의로 하나 더 추가하는 경우, 기존 회선을 해지하고 새로운 번호로 신규 가입하는 경우 등이 그것이다. 둘째, 기기변경 개통 방법이다. 고객이 기존에 서비스를 받고 있는 통신사를 바꾸지 않고 쓰던 번호도 그대로 쓰면서 핸드폰만 새로운 단말기로 교체하는 경우다. 이 경우는 장기가입 고객 요금할인 혜택, 멤버십 혜택 등이 그대로 유지된다. 마지막 방법은 번호이동 방식이다. 번호이동을 업계에서는 주로 MNP라고 표현하는데 이는 Mobile Number Portability 번호이동성의 머리글자이다. 고객이 원래 사용하고 있는 번호를 변경하지 않고 그대로 두되, 서비스 받는 통신사만 바꾸는 것을 말한다. 예를 들면, KT에 가입되어 있는 고객이 현재 사용하고 있는 번호를 그대로 하여 통신 서비스를 받는 회사를 SK텔레콤으로 이동하여 새로운 핸드폰으로 가입한다는 얘기다. 이러한 경우 원래 사용하던 통신사 가입을 해지하는 것과 마찬가지이므로 요금할인, 멤버십 혜택 등은 소멸된다.

번호이동제도가 도입된 지 10년이 넘어서 대부분 고객이 웬만하면 '번호이동'이라는 용어를 이해하고 있지만, 아직도 주변에서는 이 용어 자체를 오해하는 경우가 종종 관찰된다. 필자가 이동통신 업계에 몸담고 있다 보니 종종 핸드폰 가격에 대한 문의를 받는 경우가 있는데 얼마 전에도 핸드폰 가격에 대해 문의하는 지인이 있어 상담을 해주다가 "번호이동을 하면 새 핸드폰을 훨씬 저렴하게 장만할 수 있다"라고 안내했더니, "번호이동? 내가 쓰던 번호는 그대로 쓰고 싶은데, 번호이동이라면 번호가 바뀌는 것 아닌가?"라는 대답을 들어 '아직도 번호이동이라는 용어를 잘못 이해하는 분들 ^{사회적 지위를 막론하고 주로 연세가 조금 있으신 분들} 이 제법 있겠구나!'라는 생각을 했다. 번호이동은 본인이 사용하고 있는 번호를 바꾸지 않고 그 번호 그대로 새로운 통신사로 옮기는 것이라고 이해하면 되겠다. 물론, 이때는 새로운 통신사의 서비스를 사용함에 따라 가입비[1]가 발생한다. 번호이동만 제대로 이해하고 이를 'MNP'라고 얘기하고 다닐 정도면 사람들이 당신을 이동통신의 문외한門外漢은 아니라고 여길 것이다. 핸드폰 매장 직원들도 당신이 "MNP 가격이~" 이러면 일단은 뭘 좀 아는 사람으로 생각하고 '호갱님'으로 대우하지 않을 것이다.

번호이동에 승부를 거는 이동통신사들

'123대란', '211대란'. 왜 이런 가격 대할인이 일어날까? 그리고 왜 반복적으로 일어날까? 결국 이러한 핸드폰 보조금 대란은 경쟁사로부터 번호이동 고객을 확보하기 위한 이동통신사들 간의 전쟁과 같은 이벤트였다. 그렇다면 이동통신사들은 왜 이렇게 번호이동을 중요하게 여기는 걸까?

이에 대한 대답에 앞서 이동통신 시장점유율에 대해서 이야기해보

---

1) SK텔레콤은 '09년 이후 가입비를 꾸준히 인하하였고 '14년 11월 이동통신 업계 최초로 가입비를 폐지했다.

자. 세계 최고의 투자자 중 한 명인 워런 버핏도 "시장점유율이 높은 기업을 투자 대상으로 골라라"라는 투자 원칙을 강조했듯이 시장점유율은 기업의 가치와 평가에 있어 중요한 척도로 인식된다. 시장점유율의 변동은 그 자체로도 중요하지만, 각종 뉴스, 투자정보, 기업 리포트 등에서도 비중 있는 이슈로 다루어지고 있어 해당 기업의 입장에서는 기업가치를 보호하기 위해서도 절대로 소홀히 할 수 없는 지표인 것이다.

이동통신 시장점유율은 주로 누계가입자 수치로 따지는데 2013년 말 기준으로 우리나라 이동통신 누계가입 고객의 점유비 통계^{미래창조과학}_{부 자료}에 따르면 SK텔레콤이 50.0%_{2,735만 명}, KT가 30.1%_{1,645만 명}, LGU+가 19.9%_{1,087만 명}로 5:3:2의 솥발같이 팽팽하게 정립鼎立한 형세다.[2] 이는 마치 위, 촉, 오 세 나라가 천하를 삼분하여 한 치의 땅이라도 더 늘리려 대립하던 중국 후한後漢의 삼국지 시대를 연상하게 한다.

SK텔레콤은 이동통신 시장의 1위 기업으로서 시장점유율 50%는 양보할 수 없는 회사의 자존심이다. 10여 년 전 2003년 말에는 점유율이 54.5%까지 올랐으나 시장 지배적 사업자이다 보니 여러 견제가 있어 현재까지 꾸준히 점유율을 양보하게 되었다. 그럼에도 불구하고 시장점유율 50%는 꼭 지켜야 하는 회사의 상징성이다. KT 또한 30% 초반대를 꾸준히 유지해온 시장점유율이 하락세를 이어가 이제는 30%가 위협받는 위태로운 지경에 직면해 있는 상황으로 30%는 반드시 사수해야 한다. 반면 10여 년 전 14.3%였던 LGU+의 시장점유율은 20%

---

2) 2014년 9월 현재 미래창조과학부의 시장점유율 자료에 따르면 SK텔레콤 50.1%(2,840만 명), KT 30.3% (1,718만 명), LG U+ 19.7% (1,115만 명)이다.

수준으로 괄목상대 刮目相對 한 약진을 보여주었다.

가만히 살펴보면, 특이하게도 삼국지의 위, 촉, 오 세 나라의 구도가 각각 지금 우리나라의 SK텔레콤, LGU+, KT와 어쩐지 비슷하게 느껴진다. 넓은 영토를 차지하고 있고 인재와 물자가 풍부하여 가장 강성했던 위나라SK텔레콤, 뚜렷한 기반 없이 떠돌다가 드디어 서쪽에 기반을 잡고 중원을 넘보려는 촉나라LGU+, 강동에 대대로 안정된 기반을 마련하여 이를 바탕으로 천하를 도모하려 했던 오나라KT.

이와 같은 시장점유율은 구조적으로 이동통신사 세 곳 모두가 만족할 수 없는 상황임을 나타내고 있다. SK텔레콤과 KT는 50%와 30%의 상징적인 수치를 절대로 양보할 수 없는 입장이며 LGU+는 20%대로의 진입을 통해 만년 3위에서 벗어나고자 하는 후발주자의 진정한 투지를 보여줘야 할 것이기 때문이다. 결국 한쪽이 이득을 보면 다른 한쪽은 손실을 볼 수 밖에 없는 제로섬 게임이 될 수밖에 없는 구조인데 시장점유율에 가장 큰 영향을 주는 것이 바로 번호이동 가입 개통이다.

쉽게 설명하면 시장점유율을 기준으로 한 건 개통의 효과를 따져볼 때, 이동통신사의 입장에서 순수 신규 개통이 +1의 영향을, 기기변경 개통이 0의 영향을 주는 반면 번호이동은 +2의 영향을 주는 것이다. 번호이동 개통은 경쟁사의 고객이 자기 회사로 넘어오는 것이기 때문에 경쟁사에는 -1의 영향을 주고 자기 회사에는 +1의 영향을 주어, 결국 전체적 시장점유율로 따졌을 때에는 자기 회사에 +2의 효과를 가져오게 된다. 심지어 이미 춘추전국시대의 손무孫武 선생께서는 『손자병법孫子兵法』의 「작전作戰」편에서 '식적일종 당오이십종 食敵一種當吳二十鐘 적에게서 취한 식량

1종[3]은 아군의 식량 20종에 해당한다는 뜻 '이라는 구절을 통해 번호이동의 효과를 20배까지로도 볼 수 있다고 설파하신 것 아니겠는가! 그러므로 통신사들의 시장점유율 전쟁이 시작되면 핸드폰 가격의 혜택은 번호이동에 집중될 수밖에 없는 것이다.

100만 원짜리 핸드폰이 0원에?

핸드폰 시장이 스마트폰 중심으로 빠르게 진화함에 따라 높은 사양의 다양한 기능을 탑재한 고가 단말기가 많이 출시되고 있다. 삼성전자, LG전자, 애플 등 다양한 제조사들이 앞다투어 기술 경쟁을 하고 있고, 기능과 성능이 업그레이드됨에 따라 핸드폰의 가격도 상승하는 추세이다. 스마트폰이 활성화되기 전에는 주요 기종의 핸드폰 한 대 출고가격이 50만 원 정도 수준이었으나 요즘은 좀 괜찮다 싶은 기종들은 100만 원을 넘나드는 수준이 되었다. 물론 요즘 스마트폰은 기능과 성능 측면에서 이전과는 확연한 차이의 괄목할 발전이 있으나 이를 소비하는 고객이나 판매하는 대리점 입장에서는 구매 가격에 대한 부담이 증가한 것도 사실이다. 고객은 비싸진 스마트폰을 높은 가격으로 구매해야 하고 대리점도 한 명의 이동통신 서비스 가입 고객을 유치하기 위해 핸드폰 구매에 투입해야 하는 재고비용 부담이 두 배로 늘어나게 된 것이다.

---

3) 1종은 당시 제나라의 용량 단위로, 지금의 단위로는 약 205킬로리터에 해당한다.

그런데 이렇게 100만 원에 육박하는 스마트폰 가격이 고객이 대리점에서 이동통신 서비스를 가입할 때는 어떻게 공짜 수준으로 싸게 변하는 것일까? 핸드폰을 싸게 구매할 수 있는 고객은 좋겠지만 대리점 사장은 핸드폰을 말도 안 되게 싸게 팔아서 어떻게 점포세를 내고 직원들 월급을 주는 것인지도 궁금해진다.

이처럼 궁금한 핸드폰 가격 형성 구조를 설명하면 다음과 같다. 독자의 이해를 돕기 위해서 정책 금액을 단순화하여 도식화한 것으로 실제로 정책 지급 주체별로 정책 금액은 경쟁사, 정부규제 등 시장 상황, 단말기 재고 등 제조사의 상황, 판매 접점인 대리점 상황 등에 따라 매우 유동적이다.

핸드폰 가격 형성 구조

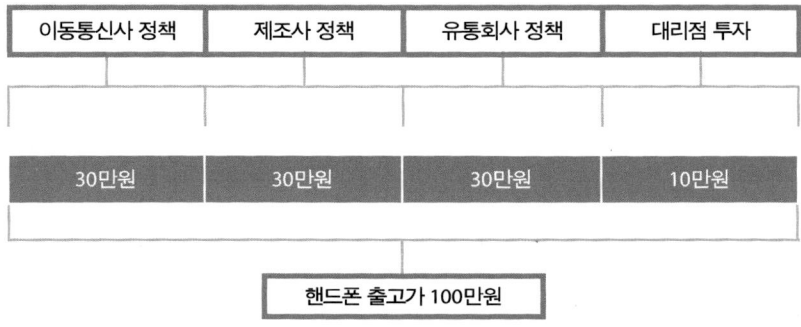

이동통신사 정책	제조사 정책	유통회사 정책	대리점 투자
30만원	30만원	30만원	10만원

핸드폰 출고가 100만원

100만 원짜리 A 모델이 출시되었고, 대리점은 이 모델의 핸드폰을 통해 고객 유치 활동을 한다고 하자. 대리점에서는 고객의 요청에 따라

A 모델 핸드폰으로 이동통신 서비스에 가입시키기 위해서는 우선 100만 원짜리 핸드폰을 출고받아야 한다. 대리점은 일단 현금^{당월 결제}이든 여신^{외상: 익월 말 대금 결제}이든 단말기를 구매해서 판매 재고를 확보해야 하는 것이다. 대리점에 내방한 고객에게 대리점 직원은 출고받은 A 모델을 권하여 신규 개통을 한다. 개통이 완료된 건은 앞에서 도식화한 것과 같이 대리점이 지급 주체별로 판매 장려금을 정산받게 되는 구조이다. 통신사에서 30만 원, 제조사^{삼성, LG, 팬택 등}에서 30만 원, 유통회사^{S사, K사 등}에서 30만 원을 받게 되어 총 90만 원을 정산받게 되고 여기에다 추가로 대리점 자체에서 10만 원을 더 투자하여 가격을 할인해주게 되면 결국 고객은 0원으로 핸드폰을 개통할 수 있게 되는 것이다. 대리점이 10만 원을 더 투자하는 이유는 고객이 개통 후 매달 지불하게 되는 통신 요금의 일정 부분을 대리점이 매달 수수료로 지급받을 수 있기 때문에 이를 고객 유치를 위해 미래에 발생가능한 수익을 현재에 선_先투자하는 개념이라고 생각하면 된다.

만약 대리점이 A 모델 핸드폰에 자체적으로 투자금을 쓰지 않고 판매 시 고객에게 10만 원만 받으면 판매당 최초에 출고한 100만 원짜리 A 모델에 대한 구매 비용과 판매 정책주체 및 고객에게 받은 수입이 100만 원으로 동일하게 되어 결국 대리점 수익이 "0"으로 된다. 즉, 대리점 입장에서는 10만 원의 판매가가 A 모델 핸드폰의 '노마진' 판매가가 되는 것이다.

실제 판매 현장에서는?

그렇다면 대리점에서의 실제 판매는 어떻게 이루어지고 있을까? 앞에서 100만 원짜리 핸드폰에 판매 장려금이 90만 원인 경우에 고객에게 10만 원을 받으면 노마진 판매가 됨을 예를 들어 설명했다. 이 경우, 고객이 20만 원을 부담하면 대리점에는 10만 원의 마진이, 고객이 30만 원을 부담하면 대리점에는 20만 원의 마진이 발생하는 것이다. 앞에서 대리점 투자 금액을 10만 원으로 예를 들어 설명한 것이지만, 이 정도의 금액을 대리점이 투자하는 것은 상당한 역마진을 감수하는 것으로 현실적으로 실행하기는 대단히 어렵다.

고객에게 단말기를 어떠한 가격에 팔 것인지는 판매자의 능력에 달려 있다. 판매자는 어떤 고객이 '빠꾸미' 고객이며 어떤 고객이 '호갱님'인지 단 몇 마디의 대화를 통해서 금방 판단한다. 과거에는 고객이 호갱님으로 판단되는 순간 바로 바가지를 씌우는 경우_{핸드폰 할부원금을 높이거나 고객에게 현금을 많이 받은 방식 등}도 있었다. 하지만 요즘은 세상이 워낙 밝아져서 고객들도 갈수록 영리해진 데다 대리점도 그런 식으로 영업했다가는 고객에게 인심을 잃어 발 붙일 곳이 없기 때문에 바가지 판매가 흔하게 발생하지는 않는다.

그러나 고객은 핸드폰 개통 시 본인이 실질적으로 할인받는 혜택은 얼마인지 그리고 부담하게 되는 비용이 어떻게 되는지는 명확하게 이해해야 한다. 이를 위해서는 본인이 부담해야 하는 핸드폰 할부원금을 확실하게 확인하고 요금제 사용에 따른 요금할인 금액을 잘 파악해야 한다. 이에 대해서는 다음 장 '고객의 안목'에서 자세히 설명하고자 한다.

모두가 행복한 시장이 되려면

핸드폰은 구매 시점과 장소에 따라 가격이 요동치니 웬만한 고객들은 요모조모 따져서 핸드폰을 구매해놓고도 과연 내가 좋은 가격에 제대로 산 건지 미심쩍다. 또한, 가격이 일정하지 않기 때문에 소비자 입장에서 발생하는 탐색비용도 만만치 않다. 물론 어떤 상품이든 구매하기 전에 여기저기 가격도 알아보고 온·오프라인에서 발품을 팔아야겠지만 핸드폰을 구매하는 경우처럼 고객의 구매 시점과 장소에 대한 정보 격차에 따라 가격 차이가 크게 나타나는 경우도 드물다. 한 통신사에 오래 머물면서 서비스를 사용하는 '충성 고객'보다 가격에 따라 이리저리 통신사를 옮겨 다니면서 새로운 핸드폰으로 자주 교체하는 '메뚜기 고객'에게 오히려 보조금 지원이 집중되는, 소위 핸드폰 교체에서의 이용자 차별 현상이 나타나기도 한다.

상품의 가격이 구매하는 고객에게 민감한 영역이고 핸드폰이 전 국민의 생활 필수품으로 되다 보니 언론에서도 핸드폰 가격에 대한 보도가 단골 메뉴가 되어가는 것 같다. '특정 기종들이 엄청나게 싼 값에 팔려 아는 사람들만 막 싸게 샀다더라'라는 식의 언론 보도는 이러한 정보와 이벤트에 소외된 고객들을 분노케 하고 상대적으로 자신의 핸드폰을 비싸게 구매했다고 생각하는 고객들은 괜시리 단골 대리점에 불만을 쏟아낸다. 또한, 핸드폰을 바꾸려고 마음먹었던 고객들도 '기다리다 보면 또 핸드폰 특별 할인 판매가 있겠지'라는 기대심리로 선뜻 구매에 나서지 않게 되어 시장 위축이 우려되는 상황이 발생하기도 한다.

필자는 고객이 핸드폰 구매를 결정할 때 차별화된 통신 서비스, 요금제, 부가 사용 혜택, 대리점의 서비스, 고객 경험 등이 중요한 선택 기준이 되어야 바람직하다는 생각을 하는데 현실에서 고객의 기준은 너무 가격 요소에만 편중된 것 같다. 이처럼 가격만이 통신사와 핸드폰 선택의 중심이 되어버린 왜곡된 시장이 사용자의 전체적인 후생 감소를 가져오고 통신산업의 전반적인 발전에도 도움이 안 되는 것 같아 안타까운 마음이다. 국회에 통과되어 2014년 10월부터 시행되기 시작한 '단말기 유통구조 개선법'은 가격에 편중된 이동통신 시장을 좀 더 나은 방향으로 변화시키는 실마리가 되었으면 하는 기대를 해본다. '단말기 유통구조 개선법'의 내용과 이에 따른 시장의 변화는 '고객의 안목'에서 자세히 설명하고자 한다.

TWO
핸드폰 시대의 생각

우리나라의 스마트폰 보급률은 70%가 넘어서는 세계 최고 수준이며 핸드폰은 이미 1인당 평균 1회선 이상 사용하고 있는 생활의 필수품이 되었다. 사람들이 사용하는 핸드폰 중 스마트폰의 비중이 빠르게 증가하면서, 생활양식에도 많은 변화가 발생하고 있다.

이 장에서는 핸드폰에 대한 이야기를 통해 변화하는 우리의 일상에 대해 알아보고자 한다.

스마트폰의 시대

필자는 이 책에서 일관적으로 '핸드폰'이라는 용어를 사용하고 있다. 물론, 일상에서는 핸드폰을 지칭하는 비슷한 의미의 수많은 다른 용어들이 사용된다. 이동전화, 휴대전화, 휴대폰, 모바일폰, 모바일 디바이스, 피처폰, 스마트폰, 손전화기 등이 그것이다. 필자가 '핸드폰'이라는 용어를 선택한 이유는 그것이 결국 우리가 항상 '손'에 쥐고 다니는 기기이기 때문이다. 그리고 스마트폰의 보급이 확산되고 핸드폰의 화면이 대형화되면서 손으로 화면을 터치해 기능을 실행하는 경우가 갈수록 많아지고 있다. 과거 한 때 PDA\tiny{Personal Digital Assistant}라고 불리우는 기기를 사용자가 스타일러스\tiny{Stylus}라고 불리는 뾰족하고 작은 막대기로 화면을 이리저리 찍는 것이 굉장히 멋있게 보였던 적도 있다. 스티브 잡스는 아이폰 런칭 프레젠테이션을 할 때 아이폰 화면을 터치하기 위한 도구로 가장 좋은 것은 그 어떤 스타일러스도 아닌 바로 신이 인간에게 주신 '손가락'이라고 표현하기도 했다.

세계 최대 핸드폰 시장인 중국에서는 핸드폰을 어떻게 표현하고 있을까? 중국에서는 핸드폰을 '손'기계, 즉 수기手机라는 용어를 사용하고 있으며, '쇼우지'라고 발음한다. 최근 가입자가 활발히 증가하고 있는 스마트폰은 지능이 있는 손기계, 즉, 지능수기智能手机: '져닝쇼우지'로 발음함라고 부르고 있다. 이러한 몇 가지 사례를 보았을 때 필자 역시 이동전화 기기에 대해서 '손'으로 대표되는 특징을 중요하게 생각하며, 이 책에서 '핸드폰'이라는 용어로 일관되게 표현하는 이유도 여기에 있다.

그런데 앞으로 '핸드폰'이라는 대표적인 용어가 사라지고 그 자리를 '스마트폰'에 내주어야 하는 상황이 곧 도래할지도 모른다. 세계적인 추세도 마찬가지이지만, 특히 우리나라는 최근 3년간 스마트폰 가입자 비율은 꾸준한 증가세를 나타내고 있으며 전체 핸드폰 가입자 수 대비

점유율도 지속적으로 높아지고 있다.

우리나라 스마트폰 가입자 통계

구분	11년	12년	13년	14년 9월
스마트폰 가입자 수 (명)	22,578,408	32,727,249	37,516,572	40,056,935
스마트폰 가입자 비율 (%)	43.0	61.0	68.6	70.6
전체 핸드폰 가입자 수 (명)	52,506,793	53,624,427	54,680,840	56,745,776

자료: 미래창조과학부

스마트폰을 통해 구현되는 편리한 기능들이 점점 더 많아지고 핸드폰 제조사들 또한 스마트폰 중심으로 신규 출시 제품들의 제품군Line up 을 구성하기 때문에 고객들이 시중에서 스마트폰이 아닌 핸드폰을 찾아보기가 점점 더 어렵게 될 것으로 보인다.

스마트폰 사용자가 많아진다는 것은 결국 사용자의 무선 인터넷에 대한 수요가 증가한다는 것이고 이는 곧 무선 인터넷을 기반으로 다양한 애플리케이션 구동이 가능한 스마트폰에 대한 수요 증가로 이어지게 된다. 스마트폰을 통해 사용 가능한 다양한 애플리케이션들은 빠른 속도의 무선 인터넷이 기술적으로 뒷받침이 가능한 환경이 구축되어야 최적의 구동이 가능한 것이며, 이에 따라 사용되는 무선 데이터 트래픽 사용량 또한 꾸준하게 증가하는 모습을 보이고 있다.

우리나라 무선 데이터 트래픽 통계(월평균)

무선 데이터 트래픽	11년	12년	13년	14년 9월
전체 트래픽 TB[4]	22,888	47,963	73,057	88,546
전년 대비 증가율 배	5.26	2.10	1.52	1.21
1가입자당 트래픽 MB	470	938	1,401	1,667

자료: 미래창조과학부

스마트폰의 보급이 확산됨에 따라 이를 통해 생활에 편익을 주는 다양한 기능들이 더욱 스마트폰으로 집중되고 있다. 이와 동시에 사용자들의 커뮤니케이션 방식과 활용 영역 또한 스마트폰을 중심으로 이루어지고 있으며, 스마트폰을 사용하지 않는 사람들은 앞으로 점점 더 소통의 혜택을 향유하지 못할 가능성이 크다. 특히, 핸드폰 사용에서 사용자의 연령층이 높을수록 사용자가 기존에 사용하던 피처폰 스마트폰이 아닌 저성능 일반전화을 바꾸지 않고 그대로 고수하는 경향이 많은데 피처폰은 기능이 제한적이어서 이를 통해서는 세상과의 완전하고 편리한 소통이 어려울 수 있다. 현재 사용자가 동일한 이동통신 서비스를 이용하고 있다 하더라도, 사용자 간에 발생하는 격차에 의해 커뮤니케이션이 불완전해지고 이에 따른 세대 간 격차와 갈등이 발생할 가능성도 크다고 할 것이다. 이러한 핸드폰 사용에 대한 '격차'의 문제에 대해서는 뒤에서 좀 더 다루어보기로 한다.

---

4) 1TB는 1,048,576MB이다.

컨버전스 Convergence 의 시대

   컨버전스는 사전적으로는 '한 점으로 수렴한다'는 의미로 결합, 융합과 같은 용어로 쓰이기도 한다. 핸드폰은 디지털시대 컨버전스의 대표 주자이다. 생활의 다양한 편의 기능들이 핸드폰으로 집중되기 시작한 것은 최근의 일이다. 불과 몇 년 전만 해도 다양한 기기들은 각각의 독자적인 시장에서 차별화된 기능과 서비스를 고객에게 제공하고, 고객들은 개별 수요에 따라 구분된 시장에서 상품을 구매해야 했다. 예를 들어, 고객이 음악을 듣고 싶으면 MP3플레이어를 구매해야 하며, 사진을 찍고 싶으면 디지털카메라를 사야 했다. 이동하면서 TV를 보고 싶으면 소형 TV를 사야 했고, 책을 보고 싶으면 서점에 있는 진짜 책을 사든지 아니면 전자책을 구매해야 했다. 또한 시간을 확인하기 위해서는 시계를 사야 하고, 길 안내를 받기 위해서는 내비게이션 단말기를 구매하여 차량에 설치해야 하며 이동하면서 전자게임을 하기 위해서는 PMP를 구매해야 했다. 그러나 이러한 다양한 기능들이 IT 기술의 발전으로 하나의 기기에 모두 다 구현되는 것이 가능해졌다. 그리고 이 하나의 기기는 바로, 갈수록 스마트해지는 핸드폰인 것이다.
   다음은 핸드폰을 통해 생활의 다양한 부분들을 향유할 수 있는 서비스의 종류와 내용을 정리한 것이다. 앞으로 이러한 기능의 종류들은 새로운 기술이 나타날 때마다 더욱 늘어날 것이다.

통신 서비스 이용목적별 서비스 내용

대분류	소분류	서비스 내용
금융	뱅킹	· 다른 계좌로의 자금 이체 · 계좌관리, 잔액조회 · 지로를 통한 각종 공과금 조회/납부 · 계좌에 대한 자신의 정보관리나 고객 서비스 이용
	쇼핑/ 전자상거래	· 상품 및 음식 등을 주문 · 영화/공연 등을 예약/예매하거나 티켓을 구매
	증권	· 주식, 선물옵션, ELW 거래 · 증권시세, 관심종목, 주요지수, 투자정보 등의 조회
교육	강의	· 편리한 시간과 장소에서 동영상 강의를 들을 수 있는 서비스
	e-book	· 편리한 시간과 장소에서 북스토어/서점/도서관 등을 통해 e-book(도서, 잡지, 신문 등)을 다운받아 읽을 수 있는 서비스
엔터테인먼트	음악	· 음악 파일 다운로드, 음원에 대한 임대/스트리밍 등을 이용하는 서비스 · 통화음, 통화연결음 등을 이용하는 서비스
	동영상	· 방송프로그램, 영화, 뮤직비디오, UCC 등 다양한 동영상/비디오 콘텐츠를 이용하는 서비스
	게임	· 다중접속게임 등을 다운받아 인터넷에 접속하여 이용 · 게임을 다운받아 모바일 기기에서 이용하는 서비스
정보	뉴스	· 편리한 시간과 장소에서 실시간으로 최신 뉴스를 조회, 검색, 저장할 수 있는 서비스
	생활정보	· 공연 및 행사 일정, 날씨 등 다양한 최신 생활정보를 제공하는 서비스
	지식검색	· 포털사이트 및 전문적인 데이터 베이스를 통한 지식검색

	메신저/ 채팅	· 메시지를 실시간으로 주고받을 수 있는 서비스
SNS	미니홈피	· 블로그: 개인의 관심사에 따라 일기, 칼럼, 전문자료, 사진 등을 게시/저장하여 타인과 공유하는 대표적인 1인 미디어 · 미니홈피: 미니홈페이지를 줄여 이르는 말로, 네티즌들이 직접 꾸미고 서로를 초대할 수 있는 공간으로, 함께 활동하면서 네티즌 간의 인맥을 형성하는 1인 미디어
	동호회/ 커뮤니티	· 인터넷상에서 취미나 관심분야가 유사한 사람들이 서로의 정보를 교류하거나 친목을 도모하기 위해 형성한 모임
	마이크로 블로그	· 140~150자 이내의 단문 메시지로 자신의 생각과 감정을 표현/ 공유할 수 있는 블로그 서비스의 일종 (페이스북, 트위터 등)
LBS	길 안내 등 교통정보	· 주변 지역의 도로소통상황, 버스도착시간 등의 정보를 실시간으로 검색할 수 있는 서비스 · 애플리케이션을 설치하면 내비게이션 단말기 없이 길안내, 실시간 교통량을 분석해 최적 경로를 알려 주는 서비스
	위치기반 정보제공	· 맛집, 주유소, 커피숍 등 주변 지역의 다양한 정보를 검색할 수 있는 서비스 · 기지국, GPS, 무선랜(WiFi)의 위치정보를 이용하여 자녀, 친구 등의 위치를 확인하는 서비스
전자 정부	전자정부 서비스	· 가족관계등록부, 등기부등본, 납세증명서, 자동차 등록부 등의 열람 및 발급 · 각종 민원서류 교부신청서, 전입신고서, 인감신고서, 자동차등록신청서 등의 다운로드 · 각종 민원서류 작성 및 접수

자료: 통신비 개념 재정립 및 통신의 국민생활 편익 유발지수 개발, 김득원 외(2011)

다양한 디바이스에 분산되었던 기능들이 최근 통신 및 디바이스기술의 진보로 인하여 핸드폰으로 집중화·통합화되고 있으며 이러한 컨버전스 현상은 갈수록 심화되고 있다. 이제는 핸드폰을 통해 사용자의 건강 관리까지 담당하는 헬스케어 기능도 구현할 수 있게 되었고, CCTV 기능을 활용하여 핸드폰으로 현장 상황을 실시간으로 확인할 수 있는 보안 서비스도 가능해졌다. 앞으로도 핸드폰을 통해 활용할 수 있는 기능은 무궁무진할 것으로 보인다. 핸드폰 하나만 있으면 인간 활동의 대부분이 가능해지는 시대가 곧 도래할 것이다. 그러므로 미래의 새로운 기회를 맞이하려면 핸드폰과 이동통신 서비스의 변화와 발전의 모습을 끊임없이 주시해야 할 필요가 있는 것이다.

그러나 산업의 전체적인 측면에서는 핸드폰으로의 컨버전스 현상이 달갑지 않게 다가올 수도 있다. 이러한 컨버전스로의 과정들이 자칫 기존 가치의 수렴을 넘어서 오히려 가치를 파괴하는 모습으로 나타날 수 있기 때문이다. 이미 상당 부분의 IT 제조업이 핸드폰으로의 기능 집중화에 의해 타격을 받고 있는 것도 사실이다. 앞에서 설명했듯 독자적인 시장에서 운영되었던 다양한 디바이스들이 핸드폰에 자기의 자리를 내어주고 있으며 그러한 영역들은 앞으로 더욱 확대될 것으로 보인다. 디지털카메라, MP3플레이어, PMP, 전자사전, 전자계산기, 소형 TV, 책, 내비게이션, 블랙박스 등 개별로 형성되어 있던 상품들의 시장이 핸드폰 하나로 통합되고 있으며 이러한 시장잠식현상은 앞으로 더욱 가속화될 것이다. 핸드폰이 IT 산업의 다양한 빛을 한 곳으로 빨아들이는 블랙홀과 같은 모습으로 나타나고 있는 것이다.

이러한 현상은 파생적으로 핸드폰을 잘 활용하는 사람과 그렇지 않은 사람 간의 차이를 심화시키는 결과를 가져오기도 한다. 이른바 사용자의 핸드폰 활용도에 의해 발생되는 개인 간의 정보 격차 현상이다. 이를 학술적인 용어로는 모바일 디바이드라고 표현하기도 한다. 컨버전스 현상이 우리의 삶에 다양한 가치를 창출하는 기회가 될지, 산업의 다양성을 축소하고 삶의 격차를 심화시키는 위협이 될지 두고 볼 일이다.

모바일 디바이드 Mobile Divide

모바일 디바이드는 통신 서비스를 포함하여 핸드폰 활용 정도에 따라 발생하는, 사용자 간의 정보 격차 현상을 나타내는 말이다. 이는 핸드폰을 사용하는 사용자의 환경이 어떠한가에 따라 정보 접근 및 활용 측면에서 차이가 발생한다는 것이다. 핸드폰으로의 컨버전스 현상, 스마트폰 기능의 끝없는 발전, 새로운 애플리케이션의 개발과 통신망의 진화 등으로 핸드폰을 잘 활용하는 사람과 그렇지 않은 사람 간의 정보 활용 수준의 차이가 발생하고 그에 따라 삶의 격차가 더욱 크게 나타날 수 있다.

이동통신 기술이 발전하기 전까지는 주로 디지털 디바이드 Digital Divide 가 개인 간의 정보 격차를 대표하는 개념이었다. 디지털 디바이드는 주로 PC, 노트북 등의 IT 기기와 유선 인터넷의 보급 정도를 중심으로 개인 간의 매체 접근, 정보 활용, 정보 의식 등의 격차를 나타내는 개념이다. 디지털 디바이드 현상에 대한 연구에서는 사회의 정보화 초기 단계, 즉 PC, 노트북 등을 비롯한 IT 기기와 유선 인터넷이 보급되어 확산되기 시작하는 시기에 이러한 정보 수단에 접근 가능한 계층과 불가능한 계층 간에 발생하는 격차가 주요 관심 대상이었다. 그러나 유선 인터넷 기반의 전통적인 의미의 정보 격차는 이미 거의 해소되었다. 모바일 환경에서의 인터넷 속도 경쟁, 새로운 서비스와 다양한 기능의 집중화가 신속하게 이루어지는 스마트폰의 등장 등으로 앞으로는 모바일 디바이드가 개인 간의 삶의 격차를 나타내는 중요한 화두가 될 것으로 보인다.[5]

고객들의 인터넷 사용이 유선 기반에서 무선 중심으로 빠르게 이동하는 현상은 네트워크 기술의 진화에 따라 무선 인터넷 속도의 획기적인 개선이 가능했기 때문에 나타날 수 있었다. 2013년 하반기에 SK텔레콤이 세계 최초로 LTE-A Long Term Evolution Advanced 서비스를 상용화시키면서 가정의 초고속 인터넷 속도인 100Mbps보다 1.5배 더 빠른 150Mbps 속도의 무선 인터넷 사용이 기술적으로 가능해졌다. 인터넷의 속도 측면에서 무선이 유선보다 더 빨라져서 마치 주가의 단기이동평균선이 장기이동평균선을 아래에서 위로 치고 올라와 돌파하는 형세를 나타내는 주식 용어인 '골든 크로스'와 같은 이른바, '네트워크 골든 크로스 Network Golden Cross' 상황이 전개된 것이다. 앞으로 이동통신사들의 네트워크 속도 경쟁은 더욱 치열하게 전개될 것이며 이에 따라 무선 인터넷 사용 환경은 점점 더 좋아 질 것이다.

무선 인터넷의 지속적인 속도 개선은 사용자가 핸드폰을 통해 접속할 수 있는 다양한 서비스를 기술적으로 더욱 든든하게 받쳐주기 때문

---

5) 한국정보화진흥원에서는 모바일 디바이드를 '신(新) 디지털 격차'라고 명명하고 전국 광역시도의 국민을 조사 대상으로 하여 모바일 격차 지수(Mobile Divide Index)를 측정하고 있음.

에 핸드폰 기능의 확장성은 앞으로 더 크게 나타날 것이다. 핸드폰이 생활의 다양한 영역을 지배하는 접점의 역할을 하게 되면서 개인은 각종 정보와 콘텐츠 활용을 통해 지속적인 부가가치 창출이 가능하게 되었다. 사용자는 핸드폰을 통해 다른 사람들과의 커뮤니케이션은 물론, 학습·투자·거래·상담 등 삶의 가치를 높이는 다양한 활동을 더욱 편리하게 할 수 있으며, 이러한 영역들은 향후 더 확장될 것이다. 이는 다른 측면에서 보면, 결국 모바일 디바이드 현상이 앞으로 갈수록 심화될 수 있는 가능성이 크다는 이야기다.

핸드폰을 통해 생활의 거의 모든 부분을 효율적으로 활용하여 삶의 가치를 높이는 사람이 있지만 모바일 메신저를 사용하는 방법도 익숙하지 않아 세상과의 소통에 불편함을 겪는 사람도 있다. 또한 똑같은 30대임에도 불구하고 핸드폰을 통해 다양한 부가가치를 창출하는 사람이 있는 반면에 일상화된 습관에 의해 핸드폰을 제한적이고 단순한 용도로만 사용하는 데 그치는 사람이 있다. 이처럼 사용자에 따라 모바일 인터넷의 양적인 활용 격차뿐만이 아닌 질적인 활용 격차가 동시적이고 중첩적으로 발생하는 것이다. 이제는 핸드폰을 통해 정보를 잘 이용하는 사람과 그렇지 않은 사람 간의 격차뿐만 아니라 정보 이용자들 사이에서도 계층 간의 분화가 생기는 '내부 격차 현상'까지도 생각해봐야 한다. 학자에 따라서는 이러한 현상을 스마트 디바이드Smart Divide 라고 부르기도 한다.

이러한 격차 현상들이 연령·직업·지역 등 다양한 측면에서 우리 사회에 전체적인 계층 간 갈등을 가져와 사회통합을 저해하는 사회문제의 요인이 될 가능성도 충분히 있다. 앞으로 스마트 라이프 Smart Life 시대의 혜택을 모두가 같이 누리며, 함께 통하는 사회가 되기 위해 다양한 준비와 시도들이 필요하다고 본다. 예를 들어, 민간 기업과 지역 사회가 중심이 되어 차별 없이 전 국민을 대상으로 하는 핸드폰 활용 교육 활동을 활발히 추진하는 것도 하나의 방법이 될 것이다.

핸드폰 번호 이야기

우리가 사용하는 핸드폰의 번호에 대해서도 많은 이야기를 찾아볼 수 있다. 요즘도 고객이 신규로 핸드폰을 가입할 때 특정번호에 대한 선호도가 높은데, 사용번호 열한 자리 중 특히 마지막 네 자리 번호에 대해 좋은 번호를 받기 원한다. 여기서 소위, '골드번호'라는 것이 생겨나는데 같은 번호가 연속적으로 나오는 형식이다. AAAA, ABAB, AABB 등과 같은 방식의 번호인데, 예를 들면 7777, 0707, 0077 등과 같은 번호이다.

특히 개인사업을 운영하는 고객일 경우, 핸드폰 번호가 사업의 홍보에 큰 역할을 하기 때문에 비즈니스에 도움이 되는 연상작용이 가능한 번호를 확보하는 데 총력을 기울이기도 한다. 예를 들면, 4989 사구팔구: 부동산, 중고차 등, 2424 이사이사: 이사업체, 9292 구이구이: 치킨집, 닭꼬치 등 등과 같은 것들이다. 개인이 번호의 발음에 의미를 부여해서 특정번호를 선호하는 경우도 있다. 7942 칠구사이: 친구사이, 1004 천사: Angel, 2104 둘이서 하나가 되어 영원한 사랑을 등 번호의 조합을 통해 나만의 특별한 번호를 갖기 원한다.

핸드폰 번호의 선호 차이는 고객이 소속된 사회와 문화에 의해 영향을 받는 경우가 많은데 특히 중국에서 그러한 경향을 뚜렷이 발견할 수 있다. 중국인은 전통적으로 숫자 8을 좋아하는데 지난 2008년 베이징올림픽 개막 시간이 8월 8일 저녁 8시 8분인 것만 보더라도 8의 선호도를 짐작할 수 있다. 중국인들은 왜 8을 그렇게 좋아할까? 8의 중국식 발음은 '八빠, ba'인데 이는 '돈을 벌다'라는 의미를 지닌 '发财파차이, facai'에서 '发파, fa'와 비슷하기 때문이라는 것이 그 이유다. 핸드폰 번호는 경매, 인터넷

등으로 거래가 되기도 하는데 8이 많이 들어간 번호는 수억 원에 거래 된 적도 있다고 한다. 중국에서는 자동차 번호판도 핸드폰 번호와 비슷 한 사정이라고 하니 일단 8자가 많은 번호판을 단 자동차를 타고 핸드폰 번호에 8이 많이 들어 있는 사람은 대체로 부자라고 생각해도 무방할 것 같다.

고객이 사용하는 핸드폰 번호를 동양철학적인 '오행五行'의 관점으로 해석해서 길흉을 따지는 사람도 있다. 오행을 구성하는 다섯 가지 요소 인 목화토금수木火土金水는 각각의 숫자를 대표하고 있는데 정리하면 아래 와 같다.

오행	해당 숫자
목	3, 8
화	2, 7
토	5, 0
금	4, 9
수	1, 6

세상을 오행의 관점으로 보면, 사람의 기운 또한 오행으로 구분할 수 있는데 사용자의 기운에 해당하는 오행과 어울리는 숫자를 핸드폰 번호 로 정하면, 길吉하다는 주장이다. 예를 들어, 목의 기운을 가진 사람은 3 과 8이 포함된 핸드폰 번호가 좋다는 것이다. 더 나아가 오행의 이론에 따르면 목木과 화火는 목생화木生火의 상생上生하는 관계이기 때문에 화의 기운에 해당하는 2와 7이 포함된 번호가 같이 들어 있어도 길하다고 해 석한다. 표에 나타난 순서대로 인접한 오행의 요소는 서로 상생 관계이

니 독자가 본인의 오행 기운을 알고 있다면, 지금 사용하고 있는 핸드폰 번호를 본인의 오행 숫자와 비교해보는 것도 재미있을 것 같다.

독자의 핸드폰 번호는 어떠한가? 마음에 드는가? 마음에 드는 번호를 어렵게 구한 사람도 있고, 지금의 번호가 불만인 사람도 있을 것이고, 원래 쓰던 예전 집 전화번호 뒷자리를 별다른 생각 없이 그대로 쓰는 사람도 있을 것이다. 독자의 핸드폰 번호에는 자신만의 고유하고 독특한 스토리가 담겨 있는가? 만약 없다면 오늘 본인의 핸드폰 번호에서 자신만의 재미있는 스토리를 찾아보는 것은 어떨까?

고객의 안목

Your most unhappy customers are
your greatest source of learning.
가장 불만에 가득 찬 고객은 가장 위대한 배움의 원천이다.

– 빌 게이츠 –

ONE
구매의 정석

고객이 핸드폰을 구매하려고 결정했을 때, 매장에 있는 판매 직원과 고객이 서로 간에 가장 중요하게 확인해야 할 사항은 무엇일까? 그것은 핸드폰의 기기 가격과 앞으로 고객이 사용하게 될 요금제에 대한 정보이다. 이 두 가지 사항이 서로 간에 명확하게 인지되지 못하면 처음에는 웃으면서 거래가 완료되었을지라도 나중에 험악한 갈등의 불씨가 생길 수 있다. 이 장에서는 고객이 핸드폰 구매 시 필요한 몇 가지 중요한 고려사항들에 대해 설명하고자 한다.

호갱님, 당황하셨어요?

고객들은 갈수록 똑똑해지고, 매장 간의 경쟁은 더욱 치열해지고, 신규 가입자 유치도 안 되고……. 통신 영업하기 참 힘든 환경이다. 그러나 요즘 모두 비즈니스가 힘들다는데 힘들지 않은 업종이 있기는 한 걸까? 어느 업종을 막론하고 고객들은 갈수록 까다롭고 상대하기 힘든 사람들이 점점 많아지는 걸까? 상대하기 편안하고 수월한 고객들은 다 어디로 간 것일까?

 '호갱님'은 통상적인 의미로 상인들이 상품을 팔 때 바가지 씌우기 좋은 손님을 지칭하는 단어인데, 이는 '호구虎口'와 '고객님'을 합성한 신조어다. 호구는 국어사전에도 실려 있는 말로 '어수룩하여 이용하기 좋은 사람을 비유적으로 이르는 말'이라고 되어 있다. 이러한 호갱님은 어떤 물건을 구매할 때, 상인의 말만 믿고 구매를 완료한 결과, 본인은 좋은 가격에 잘 샀다고 생각하지만 실상 제값을 다 주었거나 심지어 보통의 가격보다 더 비싸게 주고 사는 고객을 통칭한다. 자동차, TV, 냉장고, 에어컨 등과 같은 고가의 제품 뿐만 아니라 의류, 스포츠 용품, 악세서리 등 소소한 생활 용품까지 자신이 구매한 가격이 다른 사람보다 비싸다는 것을 인지하는 순간 왠지 호갱님이 된 듯한 억울한 기분을 느꼈던 경우가 다들 있을 것이다. 특히 핸드폰 구매의 경우 할부 판매가 가능하고 고객이 사용하는 요금의 수준에 따른 요금할인 제도가 있기 때문에 고객이 느끼기에 당장은 목돈이 들어가지 않아 싸게 사는 것같이 느껴지지만 실제로는 비싸게 구매한 셈이 되는 경우가 있다. 억울한 경우를 겪지 않기 위해서는 가입신청 시 실제로 고객이 부담하게 되는 핸드폰 기기에 대한 할부원금과 할부개월 수, 사용하는 요금제에 대해서 꼼꼼하게 확인하는 것이 필요하다. 아직까지도 종종 본인은 공짜인 줄 알고 핸드폰을 샀는데 알고 보니 공짜가 아닌 것 같다고 좀 알아봐 달라고 부탁하는 지인들이 있다. 대부분은 매달 청구되는 금액만 신경 쓰고 정작 할부원금을 정확하게 확인하지 않은 경우가 많다.

최근에는 그러한 사례가 별로 없지만, 예전에는 통신매장 직원이 방문한 고객의 '내공'을 알아보기 위해 몇 가지 질문으로 고객의 반응을 슬쩍 살펴보고, '호갱'으로 판단되면 고객 부담의 할부원금을 최대로 높여서, 고객은 낼 돈을 다 내고 판매자는 마진을 극대화 시키는 방식으로 판매하는 경우가 있기도 했다. 그러나 시간이 갈수록 사람들의 정보 공유도 빨라지고 고객들도 영리해져서 판매자들이 터무니없이 높은 마진을 보고 팔 가능성은 점점 줄어들고 있다. 판매자들에게도 단기적인 이익을 좇는 것보다 고객들에게 좋은 평판을 오래 유지하는 것이 더 남는 장사일 것이다. 각설하고 호갱님이 아닌 스마트하고 품격 있는 고객님이 되려면 무엇을 알아야 할까?

1) 할부원금

최우선으로 챙겨봐야 할 개념이 할부원금이다. 할부원금은 핸드폰을 구매하는 고객이 실제로 부담하게 될 핸드폰 값을 일시불이 아닌 매월 일정 금액을 납부하는 할부로 구매할 때 실제로 부담하게 될 핸드폰에 대한 비용이다. 할부원금이 핸드폰의 출고가격보다 높을 수는 없다. 핸드폰 판매시 할부원금을 어떻게 설정하는가에 따라 고객에게는 보조금 규모가, 판매자에게는 판매 마진이 결정된다.

예를 들어, 100만 원짜리 핸드폰을 대리점이 제조사로부터 출고가로 구매했다고 하자. 대리점이 고객에게 판매^{가입}할 때 통신사의 판매 장려금을 받는다. 판매 장려금이 30만 원이라고 한다면 대리점은 고객에게 출고가 그대로 100만 원에 팔면 30만 원의 마진을 고스란히 자기 몫으로 남길 수 있다. 또는 판매자가 판매 마진을 남기지 않고 싼 가격을 경쟁력으로 가입자를 많이 모집한다는 생각을 한다면 판매 장려금 30만원을 모두 고객이 혜택받도록 하여 70만 원에 팔 수도 있다. 고객이 할부로 구매했다고 하면 전자의 경우 고객이 인지해야 할 할부원금은 100만 원, 후자의 경우는 70만 원이다. 결국 실제로 가입신청서상에 기재되는 할부원금이 바로 고객이 핸드폰 기기를 구매하기 위해 부담하는 비용인 것이다. 통신사별로 할부이자가 별도로 있는 점도 고려해야 한다.

2) 할부개월 수

고객이 할부원금에 대한 할부개월 수를 정하는 것도 중요하다. 12개월, 24개월, 36개월 등 어떠한 할부기간을 정하는가에 따라 고객이 매월 부담해야 하는 금액이 달라진다. 예를 들어, 70만 원의 동일한 할부원금에 대해 12개월로 할부개월 수를 정할 때 할부이자를 제외하고 매달 부담하는 금액은 58,300원 정도이지만 36개월로 할 때는 19,400원 정도의 금액이 나온다. 동일한 할부원금이지만 고객의 입장에서는 후자가 매월 부담하는 금액이 적기 때문에 당장은 훨씬 싸게 느껴진다. 고객의 자금 환경, 핸드폰 사용 방식 등을 잘 고려하여 할부개월 수를 설정하는 것이 필요하다. 예를 들어 핸드폰을 자주 사용하여 단말기의 사용 주기가 짧은 고객이 장기 할부를 선택하는 경우는 어떠할까? 이 고객은 할부기간이 길어진 만큼 기존 핸드폰이 낡아서 교체 시점이 도래했을 때에도 잔여 할부금이 여전히 남아 있어 부담이 될 수도 있다.

3) 요금제

고객은 이동통신 서비스를 가입함에 따라 다양한 수준의 요금제를 선택할 수 있다. 구간별로 자기에게 적합한 요금제를 선택해서 사용할 수 있으며 음성 사용량과 데이터 사용량을 고객이 스스로 설계하여 설정할 수 있는 맞춤형 요금제를 활용할 수도 있다.

요금제 명칭에 45, 55, 65 등이 붙는 것은 고객이 해당 요금제를 선택해서 사용할 때 부담해야 할 월정액 수준을 나타내는 것이다. 즉, 45는 45,000원, 55는 55,000원을 나타내는 것이다 부가세 별도. 요금제를 선택할 때 특정 요금제를 사용하고 유지함에 따라 고객이 할인받을 수 있는 금액이 다르다. 통신사별로 요금제의 형태가 유사하기 때문에 여기서는 SK텔레콤의 요금제를 기준으로 설명한다. 요금제의 종류와 내용이 나와 있는 다음의 표를 살펴보자. 예를 들면, 고객이 'LTE 전 국민 무한 75' 요금제를 사용하면 매달 20,625원의 할인을 받을 수 있다. 이 요금제를 사용하는 고객이 실제로 납부하는 요금은 82,500원 75,000원에 부가세를 더함에서 20,625원을 할인받은 61,875원인 것이다.

요금제 종류 및 내용

요금제	월정액 (부가세포함)	기본제공 음성통화 (망내)	기본제공 음성통화 (망외)	기본제공 데이터	기본제공 문자	추가혜택	할인금액 (부가세포함) (24개월 기준)	초당 통화료 (부가세포함)
LTE 전국민 무한 100	100,000원 (110,000원)	유무선 무제한 (부가음성 300분)		무제한 (16GB)	무제한 조안T대화, SMS, MMS 포함	85/100 추가혜택 TV 무제한 음악 무제한 멤버십 무제한 마이스마트콜 75+안심옵션 추가혜택 TV 무제한 멤버십 무제한	24,000원 (26,400원)	부가음성 1.8원 (1.98원) 영상 3.0원 (3.3원) 망외음성 1.8원 (1.98원) 영상 3.0원 (3.3원)
LTE 전국민 무한 85	85,000원 (93,500원)			무제한 (12GB)			20,000원 (22,000원)	
LTE 전국민 무한 75+ 안심옵션	80,000원 (88,000원)	우선 망내/외 무제한 (부가음성 300분)		무제한 (8GB)			18,750원 (20,625원)	
LTE 전국민 무한 75	75,000원 (82,500원)			8GB			18,750원 (20,625원)	
LTE 전국민 무한 69	69,000원 (75,900원)	우선 망내/외 무제한 (부가음성 200분)		5GB			17,500원 (19,250원)	
LTE T끼리 65	65,000원 (71,500원)	무제한	280분	5GB			16,750원 (18,425원)	
LTE T끼리 55	55,000원 (60,500원)		180분	2GB			14,250원 (15,675원)	
LTE T끼리 45	45,000원 (49,500원)		130분	1.1GB			11,250원 (12,375원)	
LTE T끼리 35	35,000원 (38,500원)		80분	550MB			7,200원 (7,920원)	

자료: SK텔레콤 요금제 설명 자료

　　이상으로 살펴본 할부원금, 할부개월 수, 요금제 등 세 가지 항목은 고객이 핸드폰 가입 시 가장 주의 깊게 확인해야 하는 것들이다. 그 외에 부가서비스, 제휴카드 신청 시 혜택, 초고속 인터넷 상품 동시 가입 시 할인 등이 고객이 부담하는 통신 요금에 영향을 미치는 요소들이다. 이러한 사항은 해당 서비스에 대해 고객이 필요할 때 별도로 챙겨봐야 하는 부분이다.

호갱님 VS 좀 아는 고객님

핸드폰 구매 시 할부원금을 가장 눈여겨봐야 하는데 실제 판매 현장에서는 할부원금과 할부개월 수, 그리고 요금제 사용 및 유지에 따라 혜택받는 할인금액을 혼용하여 상담하는 경우가 있다.

다음의 사례는 고객이 호갱님이고 판매 직원은 오로지 높은 마진만을 추구하는 유형이라고 가정했을 때 일어날 수 있는 상황을 구성한 것이다. 물론, 실제 매장에서는 고객에게 정확한 설명과 성실한 상담을 하는 판매 직원들이 대다수임을 미리 밝혀둔다. 그러나 핸드폰 판매가 진행되는 과정상에 판매 조건에 대한 충분한 안내와 설명이 이루어지지 않는 경우도 발생 가능하다. 판매 조건에 대해서는 고객과 판매 직원 간의 정확한 설명과 이해가 있어야 판매 후에도 지속적인 신뢰관계가 유지될 수 있다.

다음과 같은 가상 판매 사례를 들어 설명해보자. 출고가가 70만 원인 S모델 핸드폰이 있다고 하자. 이 핸드폰을 팔면 매장에서는 20만 원의 판매 장려금을 받는다고 하자. 이러한 경우 나타날 수 있는 고객과 판매자 사이의 다음 대화를 같이 들어보자.

[호갱님의 경우]

호갱님: 핸드폰 괜찮은 기종으로 가격 싸게 해주실 수 있나요? (알아본 가격이나 기종이 딱히 없음)

판매 직원: 마침 이번에 진짜 괜찮은 기종이 좋은 가격에 나왔습니다. 원래 출고가 70

만 원짜리 S 모델인데요. 오늘까지 공짜가 가능합니다. (딱 봐서 호갱님임을 간파하고 '공짜'와 '오늘까지'로 권매)

호갱님: 아 진짜에요? 어떻게 70만 원짜리가 공짜가 가능하죠?

판매 직원: 고객님, 핸드폰을 현금으로 구매하려면 비싸잖아요? 할부로 개통하시면 매월 조금씩 기기값을 납부하면 되니 부담이 없습니다. 고객님이 지금 이 S 모델 70만 원짜리를 36개월 할부로 납부하면 매월 19,400원 정도만 부담하시면 되잖아요? 그런데 지금 다른 고객님들이 제일 많이 가입해서 사용하고 있는 요금제가 바로 75요금제에요. 75요금제로 가입하시면 매월 납부하셔야 하는 핸드폰 기기값 19,400원도 걱정 없이 저희가 해결해드립니다. 기기값은 공짜인 거예요. (원래 75요금제를 가입해서 유지하면 고객이 매달 20,625원 상당의 요금할인 혜택을 받을 수 있으니 이것으로 매월 납부하는 기기값 19,400원을 해결!)

호갱님: 아, 그래요?

판매 직원: 네. 이제 그나마 이 모델의 재고도 이것뿐이고 오늘까지 공짜 행사하는 거라서 기회가 오늘뿐인데……. 고객님, 제가 가입신청 도와드릴까요?

호갱님: 아, 그럼 그걸로 해주세요. (할부원금은 확인도 안 하고?)

  여기 까지 판매 상담으로 고객은 가입신청서를 쓰고 개통을 진행한다. 이 대화에서 명확하게 설명되지 않은 사항은 무엇일까? 바로 매달 고객이 부담해야 하는 핸드폰 기기의 할부금과 요금제 사용을 유지함에 따라 혜택받는 요금할인 금액을 구분하지 않고 섞어버린 부분이다. 즉, 매달 부담하는 핸드폰 할부금이 19,400원인데, 75요금제 사용에 따라 할인받는 20,000원 상당의 금액으로 보전해주면 결국 핸드폰 할부금에 대한 고객 부담은 해소된다는 이야기다. 그러나 사실 요금제 사용에 따른 할인금은 핸드폰 기기값과는 상관없이 오로지 요금제 선택에 의해 혜택받는 금액이기 때문에 이 둘은 명확하게 구분하여 설명해야 한다.

이 같은 경우 결국 호갱님은 원래 출고가격이 70만 원이 핸드폰 가격과 동일한 금액의 할부원금 70만 원을 36개월 동안 부담하는 것이고, 판매 직원의 매장에는 판매 마진으로서 판매 장려금 20만 원을 그대로 남기게 되는 것이다. 즉, 고객은 70만 원짜리 핸드폰을 공짜로 샀다는 생각이 들겠지만, 실제로 고객이 핸드폰 기기값을 할인받은 것은 아무것도 없다는 것이다.

그렇다면 뭘 좀 아는 고객의 경우는 어떨까?

[좀 아는 고객님의 경우]

고객님: S 모델 할부원금 얼마까지 가능해요? (단도직입적으로)

판매 직원: 아, S 모델이요? 얼마까지 알아보셨어요? (핸드폰 기종까지 찍어오고, 아예 할부원금부터 물어보네?)

고객님: 다른 매장 가보니까 50만 원까지 해준다고 하던데요? (내가 너무 세게 불렀나?)

판매 직원: 네? 에이 말도 안 돼요~ 이게 얼마짜린데······. 그 가격이 나올 수 없는데요? 저희는 정말 솔직히 60만 원까지는 해드릴 수 있어요. 핸드폰 케이스와 액정보호 필름도 챙겨 드리고요. (이 고객은 가격 흥정하다가 시간 길어질 것 같으니 마진 10만 원만 보고 빨리 팔자. 아니면 말고.)

고객님: 아, 그럼 그걸로 해주세요. (여기 가격이 괜찮네!)

앞의 사례들은 핸드폰 구매를 결정하는 여러 변수 가운데 가격 부분에 초점을 두었다는 가정하에 고객과 판매 직원 사이에 이루어지는 대화를 나타낸 것이다. 고객은 핸드폰 구매 시 할부원금과 할부개월 수, 요금제 선택에 따른 할인 혜택은 분명히 알고 있어야 한다. 판매 직원 또한 이 부분에 대해서는 상담 시 고객에게 정확한 정보를 제공하고 설명할 의무가 있다.

이러한 부분에 대해 상호 간의 명확한 이해가 없으면 개통 이후 판매 조건에 대한 불만과 분란이 생기게 된다. 만약 판매 시 불완전한 설명이 판매 직원에 의해 야기된 것이라면 이는 결국 고객 불만 발생 등의 부메랑 효과로 돌아오고 이는 해당 매장뿐만 아니라, 통신 판매 종사자들의 전체적인 평판을 깎아내리는 결과로 나타난다. 그렇기 때문에 특히 가격과 관련된 민감한 내용은 고객과 판매자 모두가 상호 간에 명확하게 인지되게끔 정확한 커뮤니케이션을 통해 완전한 판매가 이루어져야 하는 것이다.

할부기간의 선택

물건을 살 때 할부구매를 할 것인가에 대해 선택하는 경우가 있는데 그럴 때면 종종 영화 「중경삼림」에서의 대사가 생각난다. '만일 사랑에도 유통기한이 있다면 나의 사랑은 만년으로 하고 싶다'라는. 할부기간을 만년으로 할 수 있다면 얼마나 좋을까? 휴대폰을 구매할 때도 할부구매가 가능한데, 할부기간을 어떻게 설정하느냐에 따라 매달 고객이 부담하는 금액의 수준이 달라진다. 다양한 고객군 중에는 일시불 현금 구매를 선호하는 고객들도 있지만, 당장 지불하는 비용이 적은 할부구매 방식을 선호하는 고객들도 많다. 특히 고가의 핸드폰 값을 선뜻 일시불로 구매하기가 부담되는 고객들에게 할부판매는 원하는 시점에 핸드폰 구매를 수월하게 해주는 좋은 방식이다. 할부기간이 길수록 고객이 매월 부담하는 금액은 더 적어진다. 그런데 판매자 중에서는 종종 이러한 고객들의 수요를 위한 장기 할부기간을 나쁘게 이용하는 경우도 있는데 다음의 사례를 한번 살펴보자.

[할부 기간을 최장 36개월으로 설정하는 경우]

고객: 할부 36개월이 조금 길지 않을까요? 지금 구매하는 휴대폰이 신제품이긴 하지만 3년 동안이나 쓸 수는 없을 것 같은데?

판매 직원: 아 고객님, 한 1년 반 정도만 잘 쓰세요. 그때 다시 저를 찾아오시면 제가 새로운 핸드폰으로 바꿔 드릴게요. 그 시점에 남아 있는 할부금은 제가 알아서 다 처리해드리고요. 여기 제 명함 잘 갖고 계세요.

이렇게 해서 할부기간을 36개월로 설정하고 새로운 핸드폰을 개통한 고객이 실제로 1년 반 정도 사용하다가 핸드폰을 새 기기로 바꾸기 위해 다시 매장에 방문하면, 남아 있는 할부금은 정말 약속대로 알아서 처리해주는 것일까?

고객이 재방문한 시점에 판매 직원은 다시 고객이 구매하게 되는 새로운 핸드폰을 출고가만큼 최대로 할부원금을 설정한다. 아직 기존 단말기에 남아 있는 할부금은 새로운 단말기를 개통하면 지급받는 판매 장려금으로 대체하여 처리한다. 고객은 다음 재방문 시점에 다시금 새로운 핸드폰으로 바꾸어 줄 것이라는 약속을 받고 돌아간다. 결과적으로 고객에게 귀착되는 할부원금의 부담은 다음 기간으로 이연되는 것이다. 대체 처리하고도 남는 부분이 있으면 매장의 이익이다. 그나마 이러한 상황은 고객과의 애초 약속이 이행된 괜찮은 사례이다. 판매 직원의 약속을 믿고 1년 반 정도 사용하던 고객이 동일 매장을 방문했을 때, 매장 주인이 바뀌었다든지, 약속했던 직원이 퇴사해버렸다든지 하는 경우도 생긴다. 이러한 경우 애초에 고객이 믿고 있었던 약속 이행이 어렵게 된다. 따라서 고객이 핸드폰 기기의 할부 기간 자체를 길게 설정하고 미래의 확정되지 않은 시점에서 뭔가를 해주겠다고 하는 방식의 판매 상담을 받게 된다면 다시 한 번 잘 생각해봐야 한다.

할부기간의 함정 중 또 다른 형태는 온라인에서 종종 발생하는 영업 형태이다. 2012년에 발생해 고객들의 피해규모가 20억 원대에 달했던 'K모바일' 사건이 대표적인 사례이다. 'K모바일'은 온라인 커뮤니티 사이트를 개설하여 회원을 모집하고 회원들에게 핸드폰을 할부로 개통하게 한 다음, 몇 달 후 회원들에게 보조금을 현금으로 지급해주는 방식의 영업을 했다. 핸드폰 개통 숫자가 많을수록 통신사로부터 받을 수 있는 장려금의 규모가 커지기 때문에 일단 최대한 많은 금액을 현금으로 준다는 광고를 통해 회원들을 끌어모은다. 그리고 할부원금을 최대로 설정해 개통처리를 한 후 몇 달 뒤에 약속한 현금을 계좌로 입금해주는 형태이다. 그러나 결국 입금 약속 이행은 이루어지지 않았고 피해 회원은 4천여 명에 달했다. K모바일의 대표 또한 구속기소 되었다. 이 경우처럼 몇 달 뒤에 약속한 보조금을 한꺼번에 지급하겠다는 방식도 있지만 이와는 달리 매달 일정한 금액을 꾸준하게 정해진 날짜에 입금해주겠다는 방식도 있다. 이러한 경우 판매자는 처음 한두 달은 고객에게 정해진 날짜에는 틀림없이 입금을 해주어 고객을 일단 안심시킨 후 그다음부터는 입금하지 않고 잠적해버리는 사례가 많다. 그러므로 핸드폰 구매 시 할부원금 자체를 높게 설정하고 할부기간을 길게 잡고, 일정한 금액을 입금해준다고 하는 방식을 접하게 되면 섣불리 가입신청을 하지 말고 일단 천천히 따져보고 결정하는 것이 좋다.

TWO
통신 요금 바로 알기

핸드폰 기기를 싼 가격에 사는 것도 중요하지만, 결국 고객이 이동통신 서비스를 사용함에 따른 효용을 누리기 위해서는 최적의 요금제를 선택하는 것이 더 중요하다. 따라서 내가 가입하는 요금제가 어떠한 부분에서 특징과 장점이 있는지 꼼꼼히 확인할 필요가 있다. 요금제를 약정으로 가입할 경우는 약정기간 및 중도 변경이 발생할 경우의 할인 반환금에 대한 부분도 고려해야 할 사항이다.

통신비가 아닌 문화비

통신비는 핸드폰 요금 뿐만 아니라 인터넷 사용료, 유선 전화 요금 등을 포함하는 말이지만, 여기서는 핸드폰 요금을 지칭한다. 다만 앞으로는 핸드폰 사용에 따라 발생하는 비용에 대해 이야기할 때는 통신비라는 용어보다는 '문화비'라는 보다 확장된 개념이 필요하다는 생각이다. 통신 서비스를 통해 누릴 수 있는 것들이 실로 너무나도 많아진 세상이다. 필자는 통신 기술의 발달이 끊임없이 진보하는 요즘 시절에 살고 있다는 사실 자체가 우리 모두에게 큰 행운이라고 생각한다. 지금처럼 저렴한 비용으로 이렇게 빠르고 다양한 커뮤니케이션이 가능했던 시대가 있었던가? 요즘처럼 통신 서비스가 커다란 플랫폼을 조성해 주고 그 기반 위에서 사용자들이 핸드폰을 통해 온갖 종류의 활동들을 빠르고 편리하게 영위할 수 있게 된 시절이 있었던가?

핸드폰을 통해 할 수 있는 것들은 그야말로 무궁무진하다. 이는 다양한 활용이 가능한 핸드폰을 보통 수준으로 활용하고 있는 직장인 K 씨의 일과만 예를 들어도 충분하다.

서울에서 살고 있는 K 씨는 평상시 주로 지하철을 이용해서 출퇴근하는데 집에서 나서면 항상 블루투스 이어폰을 착용하여 핸드폰을 통해 영어나 중국어 같은 어학 강의를 듣는다. 지하철에 타서는 귀로는 어학 강의를 계속 듣고 눈으로는 핸드폰에 다운받아 놓은 e-book으로 독서를 한다.

사무실에 도착한 후에는 업무를 위해 핸드폰으로 통화하고 문자를 보내고 SNS를 통해 필요한 정보를 공유한다. 이동 중에는 핸드폰으로 사내 인트라넷도 접속하고 업무 메일도 확인한다. 궁금한 개념이나 의문점이 생기면 즉시 무선 인터넷에 접속하여 정보를 찾아낸다. 필요한 자료는 사진을 찍거나 장소를 설명하기 위해서는 스크린 캡처를 해서 메신저를 통해 공유한다. 또한, 종종 점심시간에는 다양한 뉴스와 비즈니스 리뷰가 나와 있는 사이트를 핸드폰으로 접속해서 정보를 확인한다.

퇴근길에서는 음원 사이트에서 음악을 들으면서 SNS를 활용하여 여러 사람과 함께 동시에 실시간으로 다양한 정보를 공유한다. 때로는 모바일 사이트에 접속해서 동영상 자료를 보거나 영화를 다운받고 필요한 물건을 주문하기도 한다. 퇴근 후 에는 지방에 살고 있는 가족에게 영상통화로 전화를 걸어 안부를 묻고 조카들 재롱을 감상한다. 핸드폰으로 주말에 보고 싶은 영화표를 예매한다. 핸드폰으로 뉴스 방송을 보고 핸드폰으로 게임도 하다 잠이 든다.

K 씨의 출근에서 퇴근까지 일과를 예시로 들었지만, 누구든 핸드폰과 통신 서비스를 통해 생활의 효율성과 확장성이 극대화된 삶을 영위할 수 있게 되었다. 사용자는 핸드폰으로 회사에서의 업무는 물론이고 시간과 공간의 구애 없이 마음대로 학습, 독서, 검색, 음악청취, 대화, 쇼핑, 게임 등 다양한 문화 활동들도 할 수 있는 것이다. 다양한 모바일 콘텐츠뿐만 아니라 실물 상품도 핸드폰을 통해 거래 사이트에 접속해서 구매 가능하다. 금융거래 또한 마찬가지다. 이미 지난 2011년 국회 보고에서 당시 최시중 방송통신위원장은 스마트폰 보급 활성화에 따라 문화 · 교통 · 금융 등 다양한 비용이 통신비와 연관되는 상황이 전개된다고 하였고, 그러한 과정에서 통신비의 항목을 '복합문화비용' 등으로 개념을 재정립할 필요성이 있음을 언급하기도 했다. 앞서 예를 들어 살펴본 핸드폰을 통해 할 수 있는 약간의 활동들만 고려해보더라도 우리가 사용하는 핸드폰 통신 요금은 통신비가 아니라 '문화비'라고 불러야 더 적합한 것 아닐까?

요금제의 구성

여기서는 요금제의 세부 내용을 살펴보고 구조와 특징에 대해 알아보고자 한다. 자신의 통신 생활 패턴을 잘 파악하고 가장 적합한 요금제 구간을 선택하는 것이 필요하다. 다음의 안내표를 참고해서 설명하고자 한다.

LTE 요금제 종류 및 내용

요금제	월정액 (부가세포함)	기본제공 음성통화 (망내)	(망외)	기본제공 데이터	기본제공 문자	추가혜택	할인금액 (부가세포함) (24개월 기준)	초당 통화료 (부가세포함)
LTE 전국민 무한 100	100,000원 (110,000원)	유무선 무제한 (부가음성 300분)		무제한 (16GB)	무제한 조인T대화, SMS, MMS 포함	85/100 추가혜택 TV 무제한 음악 무제한 멤버십 무제한 마이스마트폴 75+안심옵션 추가혜택 TV 무제한 멤버십 무제한	24,000원 (26,400원)	부가음성 1.8원 (1.9원) 영상 3.0원 (3.3원) 망외음성 1.8원 (1.9원) 영상 3.0원 (3.3원)
LTE 전국민 무한 85	85,000원 (93,500원)			무제한 (12GB)			20,000원 (22,000원)	
LTE 전국민 무한 75+ 안심옵션	80,000원 (88,000원)	무선 망내/외 무제한 (부가음성 300분)		무제한 (8GB)			18,750원 (20,625원)	
LTE 전국민 무한 75	75,000원 (82,500원)			8GB			18,750원 (20,625원)	
LTE 전국민 무한 69	69,000원 (75,900원)	무선 망내/외 무제한 (부가음성 200분)		5GB			17,500원 (19,250원)	
LTE T끼리 65	65,000원 (71,500원)	무제한	280분	5GB			16,750원 (18,425원)	
LTE T끼리 55	55,000원 (60,500원)		180분	2GB			14,250원 (15,675원)	
LTE T끼리 45	45,000원 (49,500원)		130분	1.1GB			11,250원 (12,375원)	
LTE T끼리 35	35,000원 (38,500원)		80분	550MB			7,200원 (7,920원)	

자료: SK텔레콤 LTE 요금제 설명 자료

통신사별로 요금제의 구조는 비슷하기 때문에 통신사 한 곳의 요금제 내용만 잘 확인하면 다른 통신사의 장단점도 유추할 수 있다. 요금제는 고객이 사용하는 단말기에 따라 LTE, 3G, 태블릿 등 종류가 다양하며 새로 생기기도 하고 폐지되기도 하는데 매장에 비치되는 요금제 안내 자료나 통신사 홈페이지에 상세한 설명이 나와 있다. LTE 요금제 안내표를 보면 기본적으로 LTE T끼리 35요금제 이상에서는 망내 음성통화가 무제한으로 사용 가능함을 알 수 있다. 망내 음성통화란 같은 통신사를 사용하는 고객끼리 발신과 수신을 하는 경우를 의미하며, 이에 대해 추가 요금 없이 무제한으로 사용이 가능하다는 뜻이다. 망외 음성통화는 고객이 사용하고 있는 통신사와 동일한 통신사가 아닌 다른 회사에 가입되어 있는 모든 회선으로 발신했을 경우를 말한다. 망외의 경우에는 고객이 발신 통화하여 수신받는 상대 고객이 가입된 통신 서비스가 무선이냐 유선이냐에 따라 구분되어 요금제에 반영되어 있다.

문자 서비스는 SMS Short Message Service, 단문 , MMS Multi Message Service, 장문, 사진·동영상 포함 전송 , 조인T대화 멀티 콘텐츠 공유 커뮤니케이션 프로그램 를 모두 포함하고 있다. 실제로 요즘은 카카오톡, 틱톡, 라인 등 다양한 SNS Social Network Service 가 활성화되면서, 고객이 문자 서비스를 사용해서 대화하는 경우는 급격히 감소했다.

그러면 이제 고객이 요금제를 사용할 때 제공받는 서비스를 예로 들어 요금제를 설명하고자 한다. 우선 요금제 안내표를 보면, LTE 전 국민 무한 69 이상 요금제의 경우는 '무선 망내·외 무제한'으로 표시되어 있는데, 이는 무선 음성통화에 있어서 다른 통신사에 가입한 고객의 핸드폰으로 통화 발신을 할 때 무제한 사용이 가능하다는 얘기다.

부가음성도 '200분 제공'된다고 표시가 되어 있는데 부가음성이란 전국 대표번호 서비스1644, 1588, 정보제공 서비스060 등 일반적인 유선전화 외 특정 국번 서비스를 사용하는 것을 말한다. 기본 제공하는 데이터량도 유심히 살펴봐야 하는데 한 달에 5GB 정도면 웹서핑 25,000페이지, MP3 1,000곡을 다운받을 수 있는 용량으로 특별히 해비유저heavy user가 아닌 웬만한 고객들은 불편 없이 사용할 수 있는 수준이다. 단, 용량이 많이 나가는 영화 등을 다운로드 받을 때는 Wifi6)를 사용하는 것이 좋다.

과거에는 어떤 고객이 무선 인터넷을 무심코 대량으로 사용했다가 데이터 사용 요금 폭탄을 맞았다는 일이 뉴스로 보도될 정도로 무선 인터넷 사용에 대한 불안감이 형성된 경우도 있었지만, 현재 SK텔레콤의 경우 데이터 한도를 초과해도 최대 18,000원까지만 요금이 부과되게끔 '데이터 요금 상한'이 설정되어 있다. 혹시 고객이 기본적으로 제공되는 데이터 용량을 초과할 것 같은데 이 금액도 부담된다고 느낀다면 안심옵션 요금제를 추가로 가입하는 것도 괜찮은 방법이다. 안심옵션에 가입하면 월 5천 원에 고객이 요금제에 따른 데이터 기본 제공량을 모두 소진한 후에도 이메일이나 일반적인 웹서핑 등은 초과요금에 대한 부담 없이 무제한으로 이용할 수 있다.

요금제별로 할인금액이 표시되어 있는데 이것은 고객이 선택한 해당 요금제를 쓰면서 약정기간 동안 추가로 요금에서 할인받을 수 있는

---

6)   Wifi(와이파이: wireless fidelity)는 무선 인터넷을 무료로 사용할 수 있는 고정형 서비스망이다.

금액을 나타낸 것이다. 예를 들어, 75요금제를 선택한 고객이 24개월 동안 지속해서 사용했을 때 매달 20,625원^{부가세 포함}을 할인받는다는 것이다. 12개월을 약정했다면 13,805원^{부가세 포함}으로 할인 혜택을 받을 수 있는 금액이 조정된다. 이는 약정을 통하여 해당 기간 이상으로 요금제를 지속해서 사용했을 때 매달 할인받을 수 있는 금액이다. 희망하는 고객은 이용 기간 연장을 통해 계속해서 요금약정할인을 받을 수도 있다.

할인 반환금

앞에서 요금제를 일정 기간 이용하는 고객에게 약정할인 혜택이 제공됨을 설명하였다. 그런데 만약 고객이 요금제 약정 기간 중에 중도 해지를 하면 어떻게 될까? 이러한 경우 고객은 이용 기간에 따라 이미 할인 혜택을 받았던 금액을 반환해야 한다. 가격이 높은 구간의 요금제를 사용한 고객일수록 할인받았던 수준이 더 높았기 때문에 중도 해지 시 상대적으로 더 큰 금액을 반환해야 한다. 아래는 이용 기간에 따른 할인 반환금 산정률을 설명한 표이다.

할인 반환금 산정표

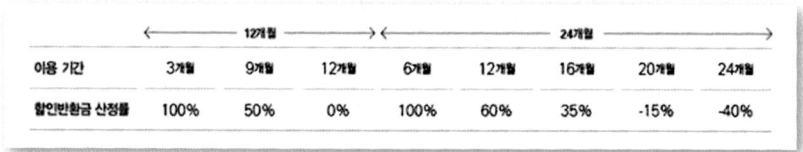

이용 기간	3개월	9개월	12개월	6개월	12개월	16개월	20개월	24개월
할인반환금 산정률	100%	50%	0%	100%	60%	35%	-15%	-40%

자료: SK텔레콤 요금제 설명 자료

고객이 최초에 요금제에 가입할 때 12개월을 약정할 수도 있고, 24개월을 약정할 수도 있다. 매달 할인금액은 약정 기간에 따라 달라지는데, 12개월일 때보다는 24개월일 때가 혜택이 더 크다. 예를 들어, 고객이 69요금제를 24개월 요금 약정가입을 하고 18개월만 사용하고 중도 해지했다고 하자. 그렇다면 이런 경우 고객은 할인 반환금을 얼마나 납부해야 되는 것일까?

　할인 반환금 산식에 따라 계산해보자. 우선 고객이 매달 할인받았던 금액은 17,500원이다. 앞의 표를 보면 6개월까지는 할인받은 금액의 100%를 반환해야 하니 이 기간 동안의 해당 반환금은 105,000원(17,500원×6개월×100%)이다. 그다음 6개월을 초과해서 12개월까지 여섯 달 동안의 할인 받은 금액은 60%를 적용하여 이 기간 동안의 해당 반환금은 63,000원(17,500원×6개월×60%)이 된다. 또한, 12개월을 초과해서 16개월까지 넉 달 동안은 35%를 적용하므로 이 기간 동안의 해당 반환금은 24,500원(17,500원×4개월×35%)이다. 18개월까지 마지막 두 달은 오히려 -15%를 적용해 5,250원(17,500원×2개월×-15%)을 면제받는다. 이렇게 구한 할인 반환금을 전부 더하면 고객이 총 납부해야 되는 할인 반환금은 187,250원부가세 별도이 된다.(105,000원+63,000원+24,500원-5,250원)

THREE
단말기 유통구조 개선법

단말기 유통구조 개선법이 2014년 5월 28일에 제정되어 10월 1일부터 시행되고 있다. 핸드폰 시장 과열에 따라 사회적, 경제적 자원 배분이 비효율적으로 나타나고 이용자 차별 심화 등의 현상이 우려되고 있는 상황의 구조적인 해결을 위함이다. '단통법'이라고 줄여서 부르기도 하는 단말기 유통구조 개선법의 정식 명칭은 '이동통신단말장치 유통구조 개선에 관한 법률'이다. 이 법은 단말기의 공정하고 투명한 유통 질서를 확립하여 이동통신 산업의 건전한 발전과 이용자의 권익을 보호함으로써 공공복리의 증진에 이바지함을 목적으로 하고 있다.

단말기 유통구조 개선법의 주요 조항과 내용

단말기 유통구조 개선법은 3년간의 한시적인 효력을 지닌 법으로 단말기 지원금에 대한 기준, 고지, 공시 등에 대한 내용뿐만 아니라, 기준 위반 시 과징금, 시정명령, 벌칙 등의 조항도 포함하고 있다. 여기서는 고객 및 유통망과 관련된 내용을 중심으로 설명하고자 한다.

(제3조) 지원금의 차별 지급 금지 조항에 따라 그동안 번호이동 고객에게 보조금이 더 지급되는 경우도 있었는데 고객의 가입 유형에 따라 차등적으로 보조금을 지급할 수 없게 되었다.

(제4조) 지원금의 과다 지급 제한 및 공시 조항에 따라 이통사 및 대리점, 판매점은 단말기 출고가, 지원금액, 판매가 등 판매 조건에 대한 정확한 정보를 고객에게 제공하여야 하고 그렇지 아니할 경우 처벌 대상이 된다.

(제5조) 개별계약 체결 제한 조항은 판매자와 고객 간에 별도의 계약(예를 들면, 지원금을 지급받기 위해 요금제나 부가서비스 유지 조건 등에 대해 별도 계약)을 해서는 안 되며, 계약을 하더라도 계약의 효력이 없음을 명시하고 있다.

(제6조) 이용자에 대한 혜택 제공 조항과 관련해서는 이통사가 핸드폰 구입에 따른 지원금을 받지 않은 고객에 대해서는 요금 선택에 따라 이에 상응하는 할인 혜택을 제공하도록 규정하고 있다.

(제7조) 단말기 구입비용 구분 고지 등에 대한 조항은 앞에서도 설명한 바와 같이 핸드폰을 구매하는 고객이 '호갱님'이 되지 않도록 판매자가 고객에게 핸드폰을 구입할 때 지원받는 금액과 요금제 선택에 따라 혜택받을 수 있는 요금할인을 명확하게 구분하여 고지하도록 규정하고 있다. 할부 판매의 경우에도 판매 조건에 대해 고객이 명확히 인지할 수 있도록 판매자의 세심한 배려가 요구된다.

고객 및 유통망과 관련된 단말기 유통구조 개선법 주요 내용

주제	주체	주요 내용
제3조 지원금의 차별 지급 금지	이통사	- 번호이동, 신규 가입, 기기변경 등 가입 유형, 요금제 등의 사유로 지원금 차별 금지
제4조 지원금의 과다 지급 제한 및 공시	이통사	- 지원금 상한액 초과 지급 금지 단, 5개월이 경과한 단말기 제외 - 단말기 출고가, 지원금액, 판매가 등 공시
	유통망	- 공시한 지원금의 15% 범위에서 추가 지급 가능
제5조 개별계약 체결 제한	이통사/ 유통망	- 이용약관과 별도의 개별계약 금지 - 고객과 판매자 간 별도의 개별계약은 무효

제6조
이용자 혜택 제공
	이통사	- 단말기를 구입하지 않고 요금제만 가입한
		  고객에 대해 지원금에 상응하는 수준의
		  요금할인 혜택 제공 의무

제7조
단말기 구입비용 구분
고지
	이통사/
	유통망
		- 단말기 구입비용과 요금할인 혜택을
		  명확하게 구분하여 표기/고지/청구
		- 할부판매하는 경우 고객에게 할부기간,
		  추가 청구 비용 등에 관하여 명확한 고지
		  의무

자료: 국가법령정보센터

단말기 유통구조 개선법에 따른 변화

단말기 유통구조 개선법이 시행됨에 따라 앞으로 통신 시장의 과열이 해소되고, 판매의 투명성이 높아질 것으로 기대된다. 판매 조건의 명확한 공시와 고지를 통해 고객들이 처한 조건이나 특성의 차이로 인한 이용자 차별 현상도 잦아들 것으로 보인다. 단말기별로 고객이 선택

하는 요금제에 따라 기본 지원금이 정해지고_{가격이 높은 요금제일수록 지원금도 커짐} 여기다 유통망별로 추가 지원금_{기본 지원금의 15%이내}을 합한 금액만큼 단말기 출고가에서 할인받게 되며 이러한 내용은 고객이 명확히 확인할 수 있도록 공시된다.

단말기별 보조금 공시표(예시)

단말명	팻 네임	출고가	구분	100요금제	85요금제	75요금제	…
N001	갤러그4	957,000	기본 지원금	220,000	187,000	165,000	…
			추가 지원금(15%)	33,000	28,050	24,750	…
			판매가	704,000	741,950	767,250	…
N002	갤러그3	880,000	기본 지원금	227,000	193,000	170,000	…
			추가 지원금(15%)	34,050	28,950	25,500	…
			판매가	618,950	658,050	684,500	…
…	…	…	…	…	…	…	…

예를 들어, 고객이 갤러그4라는 단말기를 선택하여 100요금제 그룹인 'LTE 전국민 무한 100' 요금제를 선택하면 기본 지원금 220,000원에 추가 지원금 33,000원을 더한 253,000원의 할인 혜택을 받게 되어 출고가 957,000원에서 할인 혜택 받는 금액을 빼면 704,000원이 판매가가 되는 것이다. 기본 지원금 220,000원은 24개월 약정을 하여 일할 계산하게 된다. 즉, 고객은 24개월 약정 가입 후 12개월 차에 해지를 하게 되면 220,000원의 절반에 해당하는 금액 110,000원을 반환해야 한다.

또한 '요금할인액을 지원금으로 설명하거나 표시하여 이용자로 하여금 단말기 구입비용을 오인하게 해서는 안 된다'는 내용을 법률에 명시함으로써 앞에서 설명한 '호갱님'에게 핸드폰 기기의 할부금을 요금제 할인금액에 희석해서 판매하던 방식은 사실상 어렵게 될 것으로 보인다. 그렇다면 매장 형태의 유통망과 온라인 유통망은 어떠한 변화가 일어날까?

매장 유통망의 경우는 핸드폰 구입 가격이 거의 동일해지기 때문에 매장마다 고객에게 별도의 행사가 치열하게 전개될 것이다. 매장에서 차별적인 사은품 제공, 지인 가입 프로모션 등 고객에게 추가적인 혜택을 제공하는 다양한 아이디어가 나올 것이다. 또한 판매자 입장에서는 이전 판매 방식에서 중요했던 단순 가격 차이가 아닌 비가격적인 경쟁력이 판매 성공에 대한 중요한 요소로 떠오름에 따라 고객에 대한 친절도, 서비스, A/S 등에 더욱 신경을 쓰게 될 것이다. 온라인 시장도 오프라인 시장과 마찬가지로 비가격적인 경쟁이 심화될 것으로 보이며, 이슈가 되고 있거나 고객들이 선호하는 단말기에 대한 재고를 얼마나 충분히 확보하여 신속하게 개통할 수 있는가에 대한 능력에 따라 명암이 갈릴 것으로 보인다.

핸드폰을 구매하는 고객들과 핸드폰을 만드는 제조사에는 어떠한 변화가 있을까? 단말기 유통구조 개선법 시행에 따라 핸드폰 가격이 동일하기 때문에 이리저리 발품팔던 고객들의 탐색비용이 낮아질 것이다. 이전처럼 핸드폰 가격에 따라 통신사를 이리저리 옮겨가는 '메뚜기' 고객 수 자체도 줄어들 것이다. 이에 따라 번호이동 시장의 규모는 크게 감소할 것으로 보인다. 이러한 고객들을 포함해서 전반적인 핸드폰 교체 주기가 길어짐에 따라 이동통신 시장 전체적으로는 단말기 수요가 감소할 것이다. 대신 중고폰을 구매하여 요금에 대한 할인 혜택을 받으려는 고객의 수요는 늘어날 것이다. 제조사는 단말기의 출고가격 수준 자체를 낮추기 위한 경쟁에 돌입하게 될 것이다. 조금이라도 더 높은 가격 경쟁력을 갖기 위해 더 치열하게 제조 비용 절감을 고민할 것이다. 다만, 제조사도 이러한 시장 환경에서 핸드폰 마케팅 비용을 효율화할 수 있고 고가의 스마트폰 시장 외의 다양한 시장을 만들어 나갈 수 있는 기회가 있을 것으로 기대한다. 아무리 좋은 제도라도 첫술에 배부를 수 있겠는가? 앞으로 단말기 유통구조 개선법에 대한 불만과 논란이 발생할 수 있겠지만 점점 개선될 것으로 기대한다. 모쪼록 단말기 유통구조 개선법을 통해 핸드폰 시장의 전체적인 '이용후생'이 증대되길 바란다.

FOUR
품격 있는 고객

핸드폰과 통신 서비스가 존재하는 이유는 그것을 사용하는 고객이 있기 때문이다. 이는 다른 산업도 마찬가지겠지만, 통신 기업의 궁극적인 존재 이유는 고객이다. 고객을 위한 서비스에 결점이 있다면 고객의 질책을 받고, 고객의 가치를 높이는 활동에 대해서는 칭찬을 받는다. 고객이 새로운 효용을 가질 수 있도록 기업이 끊임없이 노력해야 하는 것은 지극히 당위적이기도 하다. 하지만 한편으로는 품격 있는 기업을 만드는 원천은 품격 있는 고객에게 있는 것 아닐까? 고객과 기업 간 서로 보완할 부분이 있다면, 부족한 점만을 바로잡으려다 '교각살우矯角殺牛'하기보다는 서로의 처지를 이해하려고 노력하는 '역지사지易地思之'의 의미를 먼저 생각해보면 좋겠다.

고객 불만

마케팅팀에서 마케터^{대리점 등 통신 유통망을 종합관리하는 통신사 직원} 업무를 하는 데 있어서 힘든 부분 중 하나는 끊임없이 걸려오는 고객 불만 관련 전화다. 물론 고객의 불만 전화를 마케터가 직접 받는 것은 아니다. 불만 사항이 발생한 고객은 고객센터로 전화를 걸어 불만을 얘기하고 고객센터에 접수된 불만 사항은 고객 센터 상담사를 거쳐 해당 대리점을 관리하는 담당 마케터에게 통보된다. 고객 불만은 정식 통보된 후 영업 전산에 등록되면 담당 마케터는 일정한 시간 내에 처리 결과를 반드시 회신해야 한다. 마케터가 대리점과 고객 사이에서 발생한 불만을 조율하는 중간 역할을 해야 하는 것이다. 쉽게 조정이 되는 경우도 있지만, 합의가 어려운 경우가 많다. 특히 앞에서 예를 들어 설명한 'K모바일 사건'과 같은 대량 할부 사기 판매 건이 발생한 판매점과 거래관계가 있는 대리점을 담당하는 마케터는 고객 불만 처리 건 때문에 다른 업무가 마비될 지경이다.

고객들의 불만 종류는 정말 다양하다. 부가서비스를 신청하지 않았는데 가입이 되었다, 요금제가 잘못되었다, 통화가 불량이다, 매장 직원의 고객 응대가 불친절하다 등……. 불만에 공감이 가는 경우도 있으나, 억지성 불만도 많은 것이 사실이다. 어찌 되었든 이러한 고객 불만을 해소해야 하는 책임은 접점에서 고객을 응대한 대리점에 있는 것이다. 따라서 대리점에서 일하는 직원들 중 고객 불만을 전담하여 처리하는 담당 직원이 꼭 필요하다. 불만이 있는 고객과 직접 대화를 해야 하기 때문에 스트레스가 많은 업무이기도 하지만 고객 불만 사항에 대해 대리점이 수용하느냐 반려하느냐에 따라 고객에 대한 보상 여부가 결정되기 때문에 중요한 직무이다.

판매점에서 고객을 불친절하게 응대한 경우나, 판매 조건을 잘못 설명한 경우 등에 의해 발생한 고객 불만도 일차적으로는 판매점에서 처리해야 하나 궁극적으로는 핸드폰 개통 시 고객이 소속되는 대리점에서 해결할 책임이 있다. 판매점은 대리점으로부터 핸드폰 재고를 공급받고 판매 마진을 수익으로 남기는 대신 서비스 가입자는 원래의 대리점으로 넣어주기 때문에 고객은 판매점에서 가입했더라도 대리점 소속의 가입자가 되는 것이다. 유통망 구조에 대한 설명은 다음 장 '대리점의 품격'에서 별도로 자세히 설명할 것이다.

대리점 소속 매장은 통신사로부터 고객 만족도 평가를 받고 그 결과에 따라 별도의 수수료를 지급받는 구조이기 때문에 고객 응대와 판매 완성도에 신경을 많이 쓰는 편이다. 판매점은 대리점과의 계약을 통해 핸드폰을 판매 대행하는 유통망이기 때문에 고객 응대보다는 고객이 선호하는 단말기를 좋은 마진으로 팔 수 있느냐가 더 중요한 관심사항일 수 있다. 그렇기 때문에 때에 따라서는 판매점에서 구매한 고객들의 불만이 대리점 매장보다 더 빈번하게 발생하는 경우도 있다. 그렇다고 해서 대리점 소매 매장의 직원들이 판매점 직원들보다 무조건 더 친절하다는 얘기는 아니다. 다만 그렇게 될 개연성이 더 크다는 것일 뿐이다.

필자는 과거 고객 센터에 직접 방문할 기회가 있어서 상담사들의 업무에 대한 고충을 들었던 기억이 난다. 고객센터 상담사들은 단순 서비스 문의를 하는 고객들의 전화를 받는 경우도 있지만, 주로 받게 되는 전화는 고객의 클레임 건이다. 물론, 점잖고 품위 있게 불만을 이야기하는 고객들도 많이 있다. 그러나 전국적으로 온갖 특이한 종류의 고객을 상담하다 보니 상당수의 상담사가 전화를 받자마자 다짜고짜 짜증, 반말, 욕설, 호통부터 들어야 하는 경우도 있다는 이야기를 안타까운 심정으로 들은 적이 있다. 그러나 최근에도 고객센터에서 일하는 분들에게 비슷한 얘기를 여전히 또 듣게 되는 걸 보면, 10년 전이나 지금이나 우리 사회가 여전히 쉽게 열받고 화내는 분노 사회angry society가 되어 있는 것 아닌가 하는 걱정도 든다.

어떤 불만 고객들은 '내가 내 돈 내서 통신 서비스를 쓰고 있는데 당신들이 불만이 생기게 하였고, 고객센터 직원들은 내가 낸 돈으로 월급받고 있으니 고객이 화내고 막말하는 것도 참아야지'라고 생각할 수도 있다. 통신사도 응당 고객 불만 발생이 최소화되도록 더욱 세밀하게 유통망 관리를 하고 서비스와 품질을 살펴야 할 것이다. 그래도 고객과 상담사가 서로 최대한 존중해주고 배려해주면 어떨까? 서로가 알고 보면 내가 아끼고 사랑하는 주변 사람들의 가족이나 친구일 수 있지 않을까?

명의도용 名義盜用

핸드폰은 기본적으로 통신 서비스에 가입해야 개통해서 사용할 수 있으며, 가입 시 반드시 개인 정보가 필요하다. 그런데 나의 개인 정보를 알고 있는 다른 사람이 나의 가입 의사에 반하거나 개통 사실에 대해 전혀 알리지도 않고 부당하게 허위로 핸드폰을 개통한다면? 이것을 '명의도용'이라고 한다. 고객이 자신의 명의가 타인에 의하여 도용되었다고 판단되어 명의도용을 접수할 때에는 반드시 본인이 직접 통신사 지점에 방문하여 접수하여야 하며, 명의자가 부득이 방문할 수 없는 경우_{명의자의 사망, 해외 장기 체류 등}에는 대리인 접수도 가능하다.

명의도용 신고와 조사는 선의의 피해자를 구제하기 위해 반드시 필요한 제도이나, 진성眞性이 아닌 허위로 명의도용을 신고하는 경우도 심심찮게 발생한다. 대표적인 사례는 핸드폰 가입 명의자가 명의도용을 접수했지만, 사실은 이미 지인과 서로 내통하여 핸드폰을 가입해서 요금이 대량으로 나오게 사용한 다음 명의도용을 당했다며 요금을 못 내겠다고 허위 주장을 하는 경우이다. 그러나 어설프게 명의도용에 의한 구제제도를 활용하려 했다가는 큰 낭패를 당할 수도 있다. 명의도용 접수 건에 대해서는 전문기관에서 조사하기 때문에 진위가 결국 밝혀지게 되고 심한 경우는 허위 신고자가 형사 처벌의 대상이 될 수 있기 때문이다.

특히 위험한 경우가 명의도용이 대출업자가 개입된 불법 대출 행위와 관련성이 있는 경우이다. 대출을 목적으로 본인이 인지하고 있는 상황에서 본인의 정보를 제공하여 핸드폰이 가입된 경우, 가입 행위를 도와준 업체와 함께 고객 본인도 통신사에 피해를 입히는 불법 대출 범죄의 공범이 될 수 있기 때문이다. 만약 명의도용을 주장하는 고객이 불법 대출과는 무관한 상황이며, 대출업자가 본인 몰래 핸드폰을 개통한 진성 명의도용 피해를 본 경우라면, 경찰 신고와 조사를 통해 대출업자에게 피해보상을 받도록 해야 한다.

그렇다면 선의의 명의도용 피해를 사전에 막을 수 있는 방법은 없을까? 우선 고객 스스로 본인의 개인 정보가 타인에게 노출되지 않도록 평소에 세심한 주의가 필요하다. 한국정보통신진흥협회KAIT에서 운영하는 명의도용방지 서비스 'M-Safer'를 활용하는 것도 도움이 된다. 공식 사이트www.msafer.or.kr에서 무료로 가입할 수 있으며 가입자는 이를 통해 이동전화 신규 가입 차단 설정, 가입 사실 문자 안내 등의 서비스를 받을 수 있다.

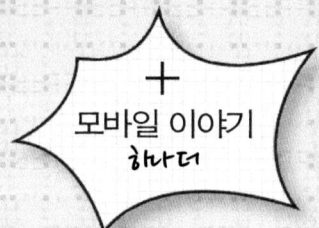

핸드폰 상담원과 고객의
전화 통화 이야기

몇 해 전 어느 핸드폰 상담원과 고객이 통화한 음성파일이 인터넷에 돌아다녀 필자도 듣게 되었는데 간만에 박장대소 했다. 5분 정도 분량의 이 대화 내용을 듣고 '설정이다, 고객이 일부러 장난치는 것 같다, 아니다 둘 다 진지한거 같다' 등 사람들의 의견이 분분했다. 두 사람은 분명 같은 한국말을 사용하며 대화하고 있는데 서로 전혀 통하지 않고 있다. 사람에게 커뮤니케이션이란 원래 어려운 것이었던가! 마치 2인이 출연하는 희극을 보는 것 같다. 대화를 지면으로 옮겨서 제대로 맛을 살릴 수 있을지 불안하지만 한번 소개해본다. 지면으로 부족한 독자는 기회가 있으면 음성파일도 들어보시길. 여기에 그 대화 중 일부를 옮겨본다.

등장인물 – 여자 상담원(서울 말씨), 남자 고객(경상도 말씨)

장면 – 상담원은 고객이 기존에 쓰고 있는 핸드폰의 잔여할부금을 지원해주고 기기변경으로 가입해주려고 상담하는 중. 그래서 고객이 쓰고 있는 핸드폰을 할부로 샀는지, 현금으로 샀는지 확인하려고 하는 상황

상담원: 고객님, 그럼 사용하시는 핸드폰 약정이 다 끝나신 건가요?

고객: 끝나다니 그게 무슨 소립니까? 전화기 지금 쓰고 있다니까요!

상담원: 아, 쓰고 계신데요. 기존 핸드폰 사실 때 현금 다 주시고 사셨어요? 할부로 사셨어요?

고객: 카드로 샀지요.

상담원: 할부로 사셨죠?

고객: 카드로 샀다니까요!

상담원: 그럼 고객님, 핸드폰 사실 때 기기값을 한 번에 다 주고 사셨다는 거예요?

고객: 샀으니까 저한테 있는 거 아닙니까? 제가 남의 것 쓸까 봐서요?

상담원: 아, 그럼 고객님, 핸드폰 사실 때 기기값을 할부로 안 사셨다는 거죠?

고객: 그럼, 돈 안 주는데 누가 물건 줍디까? 돈 쳤으니까 쳤지!

상담원: 고객님, 그럼 왜 핸드폰을 할부로 안 사셨어요?

고객: 할부로 산 건 제 차밖에 없어요. 베라○○○.

상담원: 네? 어떤 거요?

고객: 내 차차! 베라○○○!

상담원: 차 말고요, 고객님. 핸드폰이요 핸드폰! 고객님 혹시 신용상에 문제가 있으시거나 미납이 있으시거나 한 건 아니죠?

고객: 그건 나는 모르지요. 그냥 밥 벌어 먹고 사는데 그걸 아는가? 아가씨 그런데 한국 사람 맞죠?

상담원: 네!

고객: 중국 보이스피싱 이런 거 아니죠?

상담원: 그런 거 아니에요. 고객님.

고객: 그런데 왜 자꾸 말을 더듬어요. 한국 사람 아닌 거 같은데? 중국 사람 같은데?

상담원: 아이구~ 아니에요. 고객님.

고객: 아가씨 우리나라 대통령 이름 뭐예요?

상담원: 네?

고객: 한국 대통령 이름이 뭡니까?

상담원: 아이구~ 고객님. 저 한국 사람 맞구요.

고객: 한국 사람 맞는데 왜 대통령 이름을 몰라요? 이거 좀 불안하네! 대통령 이름 뭡니까?

상담원: (어이없는 웃음 참느라) 잠시만요~

고객: 아가씨 모르지? 중국 사람 맞네.

상담원: 알아요! 고객님.

고객: 이름이 뭔데요?

(대화 종료)

대리점의 품격

Do you want to spend the rest of
your life selling sugared water or
do you want a chance to change the world?
나머지 인생을 설탕물이나 팔면서 보내고 싶습니까,
아니면 세상을 바꿔놓을 기회를 갖고 싶습니까?

- 스티브 잡스 -

ONE
나는 대리점 사장이다

핸드폰 가게라고 해서 다 같은 곳은 아니다. 그런데 보통 고객들은 핸드폰 가게가 모두 핸드폰을 판매하는 비슷한 점포라고 생각하는 경우들이 많다. 심지어 LGU+ 통신사 대리점에 방문해서 SK텔레콤 통신사 통신 서비스 가입이 왜 안 되냐고 묻는 고객들도 있다. 대리점이 통신회사와 직접적인 판매위탁계약을 맺은 1차적인 유통망이라고 한다면 판매점은 통신회사와는 상관없이 대리점과 판매계약을 맺은 2차 유통망이라고 할 수 있다. 대리점과 판매점은 비슷하게 보이지만, 확연한 차이점이 있는 별도의 유통망들이다. 이 장에서는 대리점과 판매점의 차이와 속사정을 살짝 들여다보고자 한다.

대리점과 판매점의 개념

요즘 길에 다녀보면 핸드폰 가게가 한 집 건너 한 집 있을 만큼 이동통신 매장이 많다. 그래도 '먹는 장사'가 제일 남는다는 인식 때문인지 음식 관련 업종이 제일 많이 눈에 띄지만, 기존 업종에서 전환하여 핸드폰 매장으로 간판을 바꾸어 다는 점포들도 흔히 볼 수 있다. 그만큼 핸드폰 판매업이 시작하기가 어렵지 않고 소자본으로 쉽게 접근할 수 있다는 것을 보여준다. 전국이동통신유통협회에서는 핸드폰 판매업 종사자가 전국적으로 30만 명이 넘는 것으로 추산한다.

그런데 고객들은 무조건 핸드폰 기기값만 싸면 좋다고 생각해서인지 본인이 핸드폰을 개통한 곳이 대리점인지 판매점인지 관심이 없고 구분도 못 하는 경우를 심심찮게 볼 수 있다. 본인은 그냥 싸게 파는 그 어떤 '핸드폰 가게'에서 샀다는 것만 알고 있다. 그러나 통신 업계에서 대리점과 판매점은 명확히 구분되어 있으며 전혀 다른 유통망이다. 대리점과 판매점은 어떻게 다른 것일까?

우선 이 둘을 쉽게 구분하는 방법은 간판이다. 대리점은 소속된 통신회사의 브랜드를 단일적으로 간판에 그대로 사용하지만, 판매점은 그렇지 않다. 핸드폰 가게의 간판이 'T WORLD'로 되어 있으면 SK텔레콤, 〈Olleh〉로 표시되어 있는 것은 KT, 'U+SQUARE'로 되어 있으면 LGU+ 대리점이고 이외에는 다 판매점이라고 생각하면 대체로 맞다. 예를 들어, 이동통신 3사의 브랜드를 하나의 간판에 한꺼번에 표시하거나 핸드폰 가게 사장의 마음대로 '폰마트', '폰플러스', '한사랑텔레콤' 등의 이름으로 달려 있으면 이러한 매장들은 모두 판매점인 것이다.

여기서는 대리점의 속성에 대하여 좀 더 자세히 알아보자. 대리점은 통신회사와 정식으로 위탁대리점 계약을 맺고 전속으로 통신 가입자를 모집하는 곳이다. 따라서 통신회사와 영업운영 방향에 대해 긴밀하게 협의하고 상호 간의 신뢰와 책임을 바탕으로 동반성장을 위해 서로 노력해야 하는, 공생관계다. 대리점은 통신회사를 통해 핸드폰 기기를 공급받고 가입자를 모집한다. 그 대가로 판매 장려금_{개통에 대한 인센티브}, 관리수수료_{고객 납부요금의 일정 부분}, 각종 CS 수수료_{고객만족활동에 대한 지원금}, 판매촉진 비용 등의 지원을 받을 수 있고 사장 및 직원에 대한 교육 서비스, 매장 운영을 위한 각종 프로그램_{영업전산, 사무기기, 매장 연출품 등} 지원 등의 영업지원을 받게 된다.

매장을 잘 운영하고 고객 유치를 확대할수록 회사로부터 받는 지원의 규모도 커진다. 영업을 잘해서_{가입자를 잘 모집하여} 지원금을 더 받고 축적된 자본을 바탕으로 핸드폰 재고도 더 확보하고 신규 매장도 더 내고 직원들도 더 채용하면서 더 많은 가입자를 모집하게 되어 또다시 통신회사로부터 더 많은 지원을 받아 대리점이 점점 더 성장하는 선순환구조를 이루는 것, 결국 이것이 바로 모든 대리점 사장이 오매불망 바라는 성공의 모습이다. 실제로 한 군데 대리점에서 100개가 넘는 매장을 거느리고 있는 곳도 있다. 이 정도 수준은 아닐지라도 매장 대여섯 개쯤 운영하게 되면 번듯한 기업체 사장님이다.

이처럼 대리점은 고객 유치활동을 하기 위해 회사로부터 각종 영업지원을 받기도 하지만 그만큼 위탁 대리점으로서 본연의 책임도 다해야 한다. 회사의 영업운영에 반하는 불·편법 영업 행위를 하지 말아야 하며 고객에게 만족도 높은 상담 서비스를 제공하고 완성도 높은 판매를 해야 한다. 또한, 고객 불만이 발생하지 않도록 판매 후 고객 관리에도 항상 최선을 다해야 한다. 영업 행위를 통해 취급되는 각종 개인 정보에 대한 정보 보호 의무 또한 철저히 준수해야 함은 기본이다.

그렇다면 판매점은 무엇이고 대리점과는 도대체 어떠한 차이가 있는 것일까? 판매점의 간판은 통일되지 않고 제각각 다르다는 얘기는 앞에서 했다. 대리점과 판매점의 가장 큰 차이는, 판매점은 통신회사와 계약이 되어 있지 않다는 것이다. 따라서 판매점은 개통을 위한 영업 전산이 없고 통신회사로부터 핸드폰 기기를 공급받지도 못하며 당연히 대리점이 통신회사로부터 지원받을 수 있는 각종 혜택과도 관계가 없는 유통망이다. 그렇다면 판매점은 어디에서 핸드폰을 공급받고 고객에게 개통은 어떻게 해주는 것일까? 지금까지의 내용을 잘 읽은 독자는 벌써 알아차렸겠지만, 판매점의 영업은 바로 대리점과의 계약을 통해 이루어진다. 판매점은 대리점의 확장된 판매 통로채널라고 생각하면 된다.

판매점은 계약한 대리점으로부터 핸드폰 기기를 공급받고 가입자를 모집하는 과정에서 발생하는 핸드폰 판매 마진이 주 수익원이다. 판매점에서 유치된 고객의 핸드폰 개통을 위해서는 개통서류를 대리점 개통실로 넘겨주어 거기서 개통을 진행하게끔 해야 한다. 핸드폰을 개통한 모든 고객은 개통을 처리한 해당 대리점의 소속이 된다. 따라서 판매점에서 핸드폰을 개통한 고객은 엄밀히 말하면 판매점 고객이 아니라 그 판매점이 넘겨준 개통서류에 따라 핸드폰을 개통한 대리점의 고객이 되는 것이다. 따라서 판매 후 고객 관리에 대한 권한과 책임은 종국적으로 개통 대리점에 귀착된다. 이러한 판매 형태를 통신 업계에서는 도매 판매라고도 한다앞서 설명한 대리점 매장에서의 판매는 이와 대비하여 소매 판매라고 한다. 대리점의 규모를 크게 운영하는 곳에서는 자기 매장에서의 소매 판매만을 통한 실적뿐만 아니라 판매점을 통한 실적 확대도 필요하다. 따라서 판매점을 통한 도매 판매를 운영하는 대리점의 경우 별도의 도매 담당 인력과 조직판매점 거래처 영업, 정산, 개통, 단말 관리 등의 도매운영업무을 운영하고 있다.

판매점에 핸드폰 기기를 공급하는 도매 영업까지 할 수 있는 대리점은 어느 정도 규모가 있는 대리점이라고 할 수 있다. 핸드폰을 자기 소속의 대리점 매장뿐만 아니라 판매점에도 공급할 수 있다는 것은 핸드폰 재고 확보를 위한 자금이 풍부하기 때문에 가능한 이야기이다. 다음의 경우를 생각해보자. 요즘 인기 있는 스마트폰 모델들은 출고가가 대부분 100만 원대 수준인데 대리점 사장이 판매점 열 군데와 거래하고 있고 거기에다 한 번에 10대씩만 공급해주려고 하면 얼마가 필요할까? 한 번 공급하는 데 100대가 필요한데 이는 최소 1억 원이 필요하다는 계산이 나온다. 그렇기 때문에 도매 판매 영업은 자본이 풍부한 상위 대리점들 위주로 이루어져 있으며 자본이 풍부하지 않은 대부분의 소규모 대리점 사장들은 도매 판매 영업을 하지 않고 대리점 매장에서의 소매 판매 위주로 영업을 운영한다.

당신이 핸드폰 가게를 차린다면?

당신이 만약 통신사업을 해보고 싶어 핸드폰 가게를 차린다면 대리점을 해야 할까 아니면 판매점을 해야 할까? 특히 이쪽 분야에 창업을 고려하고 계신 독자라면 지금부터 주의 깊게 보시라.

우선 당신의 자금 사정이 어떠한지가 중요하다. 매장 보증금과 임차비는 별도로 하고 10억 원 정도 자금을 동원할 수 있다면 대리점을 하는 것을 권한다. 10억 원 정도의 자금이면 대략 1,000대 이상의 핸드폰 재고를 운영할 수 있으며 월평균 500건 이상의 개통이 가능한 규모 Capa.가 된다. 물론, 매장 하나에 소규모로 운영하려면 이보다 훨씬 적은 금액의 자본만 있어도 된다. 한 달에 개통 목표를 50건 정도만 하겠다고 생각하면 1억 원 정도의 자본금만 있어도 가능하다. 그러나 이왕 통신 대리점 사업을 시작하기로 결심했다면 제대로 해야 하지 않을까?

한 달에 500건 정도 수준이면 대리점 사장을 할 만하다. 대기업 통신사와 전속으로 거래하는 주요 대리점 대표라는 번듯한 명함도 멋있게 가지고 다닐 수 있다. 일단 통신사와의 계약을 통해 대리점을 운영하면 통신사로부터 영업의 전반적인 지원을 받게 된다. 운영을 잘하여 규모를 키워서 대형 대리점으로 성장하면 대우도 좋아진다. 여기저기 행사도 많이 초청받고 다양한 프로모션의 혜택도 누릴 수 있다. 또 대리점은 핸드폰 판매 마진은 기본이고 가입한 고객이 해지하지 않고 계속해서 회선을 유지한다면 일정 기간 고객이 납부한 요금의 일부를 매달 수수료로 지급받을 수 있다. 누계가입자를 계속 늘리면 늘릴수록 안정적인 수입이 발생한다. 거기다 영업을 잘하면 각종 업무 수수료, 판촉지원, 인력지원, 매장지원 등의 혜택도 누릴 수 있다. 물론 이 모든 것은 해당 대리점이 영업을 '잘'한다는 가정에서이다.

판매는 기가 막히게 잘할 수 있는데 자본이 없는 사람들은 어떻게 해야 할까? 이런 경우라면 판매점을 하는 것이 좋다. 판매점 사장은 대리점과 계약하여 핸드폰 재고를 공급받아 자기의 매장에서 판매한다. 판매점은 핸드폰 재고를 받아 잘 팔아주기만 하면 되기 때문에 핸드폰 살 자본은 없더라도 영업력만 있으면 된다. 대신 수익은 순수하게 판매 마진만 있다. 판매점은 대리점과는 달리 통신사와 계약 관계가 있는 **Agent**가 아니다. 따라서 통신사로부터 별도로 지원받는 게 없기 때문에 고객에게 대체로 마진이 많이 남는 기종을 권하는 경우가 많다. 대신 판매점은 거래관계가 있는 통신 3사 대리점 모두에게서 핸드폰을 공급받는 경우가 많기 때문에 판매와 마진의 운신이 큰 편이다.

예를 들면, 판매점 사장은 마진이 좋은 SK텔레콤을 권매하다가 고객에게 잘 안 통한다 싶으면 KT나 LGU+ 등 다른 통신사로 대체하여 권매할 수 있다. 그러나 판매 마진 외에는 안정적인 수수료 수입이 없기 때문에 가격 수준에 따라 업황 '업계 현황'의 줄임 말의 변화가 심한 편이다.

판매점 사장 중에는 영업을 잘하여 다수의 매장을 운영하고 있는 경우도 있다. 다만 매장운영의 형태가 자유롭기 때문에 수익에 대해 큰 욕심 없이 겸업이나 부업으로 하는 경우도 많다. 지인 중에도 간판업을 본업으로 하면서 작은 평수의 통신 매장을 싸게 얻어서 판매점을 운영하는 사장도 있다. 직원도 쓰지 않고 혼자서 매장을 운영하기 때문에 인건비에 대한 부담도 없다. 매장에서 손님을 맞이하다가 간판일로 외부에 나가야 할 때면 매장문을 걸어 잠그고 출장을 간다. 고객 만족도 평가를 받는 대리점 소매 매장에서는 상상도 못할 일이다. 그러나 이 판매점은 한 곳에서 오래 운영하여 동네 단골들도 많이 생기고 지인들을 대상으로 영업해서 작은 규모지만 꾸준한 수익은 나오고 있다.

대리점이 싸나요? 판매점이 싸나요?[7]

핸드폰을 어디서 사면 싸게 살 수 있느냐는 질문도 자주 듣게 되는 질문 중 하나인데 판매점에서 파는 핸드폰이 더 싸다고 생각하는 분들이 많이 있다. 이는 판매점이 간판을 사장 마음대로 자유롭게 달기 때문이기도 하다. 길을 걷다 보면 판매점에서 '폰값똥값', '싼 폰 찾다가 열 받아서 내가 차린 집', '핸드폰 할인마트' 등 가격이 싸다는 이미지를 적극적으로 어필하는 간판을 경쟁적으로 내걸고 영업하는 것을 어렵지 않게 볼 수 있다. 또한 고객들은 판매점에서는 통신 3사의 핸드폰을 모두 취급하니 그중에서 가격 좋은 것을 비교하여 더 싸게 살 수 있을 것이라고 막연하게 기대하기도 한다.

그러나 앞에서 서술한 필자의 설명대로라면 어떤 생각이 드는가? 수익 측면에서 대리점은 핸드폰 판매 마진뿐만 아니라 가입자의 회선유지에 따른 수수료도 받는 구조인 데 반하여 판매점은 핸드폰 판매 마

---

7) 단말기 유통구조 개선법 시행 전 시장의 모습을 서술한 것이나, 독자의 이해를 돕기 위해서 소개했다. 시장의 모습은 고정되어 있는 것이 아니라 제도와 환경의 변화에 따라 유동적이기 때문이다.

진만 가져가는 수익구조라고 설명했다. 그렇다면 고객 입장에서는 같은 종류의 핸드폰이라면 판매점보다는 대리점에서 구매하는 것이 저렴하지 않을까? 고객에게 동일한 수준의 할인을 해준다는 가정을 했을 때 대리점은 판매점과 달리 수수료도 받을 수 있으니 수수료 받는 부분만큼 판매점보다 고객에게 마진을 적게 봐도 판매가 가능하니 가격 경쟁력이 더 있다는 것이 논리적으로 맞아 보인다. 그렇다면 대리점에서 핸드폰을 구매하는 것이 고객 입장에서 더 유리하지 않을까?

정답은 예전 코미디 프로그램에서 한창 유행했던 '그때그때 달라요'이다. 고객 입장에서 가격 측면으로만 봤을 때 핸드폰 구매의 성패는 결국 타이밍에 달려 있다. 예를 들어, 매장 위치가 서로 옆에 붙어 있는 A 대리점 소매 매장과 B 판매점에서 평상시에는 특정 기종을 거의 비슷한 가격으로 팔고 있는 상황을 생각해보자. 그런데 B 판매점에 핸드폰을 공급하는 C 대리점이 이달 현재 900건의 가입자 모집을 한 상황인데 월말까지 1천 건의 가입자를 모집하면 추가 인센티브를 더 받는 상황이라면 C 대리점 사장은 어떤 선택을 하게 될까? 나머지 100건을 더 모집하여 인센티브를 받기 위해서는 일정 부분의 마진을 포기하고서라도 월말까지 더 빨리 더 많이 판매하려고 할 것이다. 이러한 상황이라면 C 대리점은 더 싼 가격으로 B 판매점에 핸드폰을 공급할 것이고 결국 B 판매점은 옆집 A 대리점보다 가격 경쟁력이 더 좋아진다. 이러한 경우라면 고객은 B 판매점에서 구매하는 것이 더 유리하다.

그런데 이번에는 C 대리점은 이미 1천 건을 넘어선 상황이어서 굳이 무리하게 판매할 필요가 없는 반면, A 대리점에서는 판매량이 1등인 매장 점장에게 포상금을 지급하는 콘테스트가 걸려 있는 상황이라면 어떨까? C 대리점은 B 판매점에 굳이 더 좋은 가격으로 핸드폰을 공급할 이유가 없지만 A 대리점의 소매 매장 점장은 콘테스트에서 1등을 해 포상금을 받으려고 더 싼 가격에 많이 팔려고 할 것이다. 이런 시점이라면 고객은 A 대리점 소매 매장에서 구매하는 것이 더 유리하다.

이처럼 시점별로 유통망의 상황에 따라 핸드폰 판매 가격이 변할 수 있음을 설명했지만, 판매 가격에 영향을 미치는 변수는 유통망의 상황뿐만 아니라, 통신사·제조사 등의 판매 정책이 있으며 이러한 변수들이 맞물리면서 핸드폰 가격이 형성되기 때문에 가격적인 측면에서 특정 매장의 절대 우위를 논하기는 어려운 것이다. 매장마다 판매 조건과 상황이 다르고 고객이 필요한 시점이 다르다 보니 고객 입장에서 핸드폰을 잘 사는 경우도 있고, 못 사는 경우도 생기게 된다. 그래서 단골을 잘 관리하는 매장 직원은 가격이 좋은 시점이 되면 고객에게 따로 연락하는 경우가 많다. 핸드폰에 대한 수요가 있을 만한 시점에 있는 고객들에게 가격이 좋을 때의 정보를 미리 알려주는 것이다.

그러나 핸드폰 구매를 결정하는 데는 가격보다 중요한 요인들도 많이 있다. 그중 하나가 매장 직원들의 친절한 고객 응대와 정성스러운 상담 아닐까? 방문했을 때 고객에게 무조건 기분이 좋아지는 느낌을 주는 매장이 분명히 있다. 좋은 기분은 고객이 판매 직원들에게 호감을 느끼도록 해주고, 구매 결정을 빠르게 만들어준다. 따라서 매장의 가격 경쟁력도 필요하지만, 고객의 기분을 좋아지게 만드는 직원을 잘 채용하는 것도 중요하다. 통신 서비스 업계는 '인사人事가 만사萬事'라는 말이 특히 맞는 것 같다. 사람을 잘 뽑는 인사 업무도 중요하지만 고객에게 인사 잘하는 직원이 더 대우받는 환경을 만들어주어야 한다. 가격은 쉽게 바뀌지만 사람은 그렇지 않기 때문이다.

행복한 박 사장님의 하루

W 대리점의 박 사장은 평소보다 늦은 시간인 아침 8시가 넘어서야 잠에서 깼다. 어제 담당 마케터채 매니져와 늦은 시간까지 대리점 운영을 활성화하고 매장 영업을 잘 할 수 있는 방안에 대해 회의를 하고 늦게 귀가를 했더니 기상하는 시간이 늦어졌다.

소매 매장 여섯 곳을 운영하는 W 대리점의 박 사장. 한 달에 1,800건 정도의 가입자를 유치하는 중대형 규모의 통신 대리점을 운영하고 있다. 소매 판매를 확대하기 위해 지속해서 신규 매장 개설을 진행하고 있는 상황이다. 대리점 소속 직원 수가 30명이 넘으며 거래관계에 있는 판매점도 50곳이 넘는다. 대리점 누적 가입자 수도 5만 명 수준으로 유지되고 있어 핸드폰 영업 마진과는 별도로 한 달 수수료 수입만도 억대 수준이다. 이 정도면 통신 업계에서는 성공한 어엿한 중견 대리점 사장님이다.

그런데 박 사장은 요즘 고민이 많다. 통신 시장의 경쟁이 갈수록 치열해지고 있고 고객들도 가격 정보를 너무 잘 알아봐서 판매 마진을 많이 남기기가 쉽지 않다. 가입자들도 경쟁사에 자꾸 빼앗겨 누적 가입자 수 5만 명도 위태로운 지경이다. 직원들에게도 지속적인 동기 부여와 비전을 제시해야 하지만 그게 쉽지 않다. 일이 힘들다고 하소연하는 직원들도 예전보다 더 많아졌다. 특히 최근에는 주력으로 밀고 있는 M 매장 바로 건너편에 다른 대리점 소속 매장이 더 크게 자리 잡고 오픈 준비를 하고 있어서 더 심란하다. 고객들을 그리로 다 빼앗기면 이번 달 M 매장 운영비도 건지기 힘들지 모른다.

오전 11시 M 매장에서 소매 총괄, 점장, 매장직원들이 모두 모여 앞으로의 대책 마련을 위한 회의를 했다. 건너편에 있는 매장에서 열흘 후면 틀림없이 신규 오픈 행사를 떠들썩하게 하고 파격적인 할인 행사도 할 텐데 모두의 고민이 많다. 박 사장은 이럴 때일수록 단골 고객에게 안부 전화라도 한 통 더하고 내방 고객에게 더 친절하고 정성스럽게 응대해야 한다고 직원들을 다독인다. 매장 점장은 걱정이 태산이다. 직원들은 싸워보기도 전에 벌써부터 풀이 죽어 있다.

박 사장의 머리에는 퍼뜩 '파부침주破釜沈舟'가 떠올랐다. 항우項羽의 군대가 진秦나라를 치기 위해 타고 온 배를 침몰시키고沈舟 밥 지을 솥도 깨뜨려破釜 버려 결사항전의 기세를 몰아 결국 승리했다는 『사기史記』의 고사를 들려주었다.

"우리 한번 해보자. 건너편에 오픈하는 매장이 우리보다 훨씬 평수도 넓고, 매장 직원들도 우리보다 두 배 많고, 대형 대리점에서 운영하는 매장인 건 사실이야. 하지만, 나는 우리 직원들 실력이 훨씬 뛰어나고 팀워크도 좋다고 믿어. 겁먹을 거 하나도 없어. 우리의 실력을 제대로 보여줄 좋은 기회라고 생각해. 여기서 밀리면 끝장이라고 생각하자. 그런 각오로 우리가 보란 듯이 이기면 될 것 아닌가? 한번 해보자. 내가 열심히 밀어줄게."

박 사장은 M 매장 점장과 직원들의 눈을 하나하나 맞추어보며 힘 있게 격려하고 나서 마포에 있는 Y 매장으로 발길을 옮겼다. 매장 방문 후 오후에는 사무실에서 도매 담당 직원들과 회의를 했다. 최근 주요거래처인 판매점 두 곳에서의 실적이 자꾸 빠지는 것 같아서 걱정이다. 도매 담당 직원의 얘기를 들어보니 'W 대리점에서 공급받는 핸드폰의 판매 마진이 다른 대리점보다 적다'는 판매점 사장들의 불만이 많다고 한다. 그래서 최근에는 판매 마진이 좋은 다른 대리점에서 공급받은 핸드폰을 많이 개통하고 있다고 한다.

'결국, 또 돈인가? 참나, 최신 핸드폰 기기 공급을 특별히 신경 써서 챙겨주고 있는데도 그러네. 나랑 거래한 지가 몇 년째인데……'

서운한 생각이 드는 박 사장이지만, 저녁에 판매점 사장들을 만나서 술 한잔 하면서 다시 한 번 다독이고 챙기기로 했다.

오후 4시에는 담당 마케터인 채 매니저가 사무실로 방문하여 영업 정책 방향과 신규 서비스, 새롭게 바뀌는 마케팅 제도 등을 설명했다. IT 산업이 워낙 변화가 빠르고 새로운 서비스들이 계속 나오니 통신 판매업이 역동적이고 재미있는 경우도 많지만, 끊임없이 바뀌는 것들을 빨리 알아야 해서 때로는 그것 자체가 스트레스가 되기도 한다.

'이번에 새롭게 바뀌는 것들에 대해 준비를 잘해야 하겠구나. 해야 할 일이 많겠어. 새로운 상품, 서비스들을 잘 팔 수 있도록 세일즈 자료도 만들어야 하고, 직원들 교육도 해야 하고, 매장 환경 연출도 잘해야 하고. 이번 주말에도 바쁘겠구나.'

채 매니저는 핸드폰 고객 가입뿐만 아니라 유선 통신 상품인 초고속 인터넷 가입도 활발하게 유치해야 대리점 수익도 개선될 수 있음을 다른 대리점의 사례를 들며 열심히 설명했다.

박 사장은 담당 마케터에게 한편으로는 고맙고 미안한 감을 느끼면서 다른 한편으로는 직원들에게 신규 서비스와 상품에 대해 최대한 유치 필요성을 강조하고 있는데 생각만큼 실적이 나오지 않는 답답함을 길게 토로했다. 담당 마케터와의 미팅이 끝나자 밖이 제법 어둑어둑하다. 판매점 사장들과의 술 약속에 나갈 채비를 한다. 본격 영업은 이제부터 시작인 것이다.

'오늘도 또 술이네. 간아 미안하다.'

혼잣말을 하며 사무실을 나서려는데 출입구 앞에 커다랗게 붙어 있는 대리점 슬로건이 눈에 띈다.

'고객의 신뢰에 보답하는 행복 파트너 W 대리점'.

순간, 사랑하는 가족들의 모습과 또 하나의 가족과 같은 30여 명의 직원들의 얼굴이 떠오른다. '그래, 나는 핸드폰을 개통하는 일만 하는 것이 아니야. 나는 오늘도 고객과 우리 직원들의 행복을 개통하는 일을 하러 가는 거야'라고 속으로 되뇌면서 오늘의 고민을 뒤로한 채 '씩' 한 번 웃어보고는 문을 나선다.

TWO
이기는 통신 매장

필자는 10년 가까이 통신 마케팅 현장을 누비며 온갖 형태의 매장들을 방문했으며 각양각색의 사람들을 만나왔다. 여러 매장에서 조우할 수 있는 다양한 마케팅 경험들은 항상 새로운 즐거움이었다. 똑같은 매장은 단 한 군데도 없다. 물론 판매점 매장과는 달리 대리점 매장은 통신사가 가이드하는 방식대로 대체로 통일된 형태로 운영된다. 그러나 매장별로는 판매 방식이 다르든, 매장 꾸미는 형태가 다르든, 직원들 말투가 다르든, 무언가는 각기 다른 특징을 나타내며 운영되고 있었다.

그런데 숱한 매장을 방문하고 직원들과 인터뷰한 결과, 잘되는 매장과 안 되는 매장의 차이점들이 작지만 뚜렷하게 구분되었다. 작은 차이들은 큰 결과를 만들어내고 있었다. 그리고 영업이 잘되는 매장들의 특성과 상반되는 측면들이 많은 매장은 어김없이 안 되는 매장이었다. 이러한 특징은 대리점이나 판매점이나 다를 바가 없었다. 잘되는 매장에서 공통적으로 나타나는 특징들은 도대체 무엇일까?

천시지리인화 天時地利人和

『맹자孟子』에 나오는 구절로 '천시불여지리 지리불여인화 天時不如地利 地利不如人和'라는 말이 있다. 하늘의 때보다 땅의 이로움이 더 낫고, 땅의 이로움보다 사람 사이의 화합이 더 낫다는 뜻이다. 일이 되게 하기 위해서는 결국 하드웨어보다 소프트웨어가 중요하며, 외생조건보다는 내생조건에 집중해야 한다는 얘기다.

통신 마케팅의 관점에 이 문구를 재해석해보면, 우선 천시는 시장과 정책의 상황이다. 핸드폰 재고를 확보해두었는데 때마침 경쟁사와 격돌이 일어나는 상황이라 정책 수준이 상당히 좋아졌다고 하자. 핸드폰 가격이 싸져서 구매 의사 결정이 상당히 견고한 고객들에게도 수월하게 판매할 수 있을 만큼 좋은 때가 온 것이다. 이것이 바로 천시이다. 그렇다면 지리는 무엇인가? 지리는 지리적 이점, 즉 매장 위치의 좋고 나쁨이다. 매장이 눈에도 잘 띄고 근처에 유동인구가 많고 매장의 접근성도 뛰어나다면 판매를 많이 할 수 있는 조건인 지리까지 확보된 것이다. 마지막으로 인화는 고객을 응대하고 판매를 완성하는 핵심적인 소프트웨어인 매장 직원의 팀워크와 분위기이다.

천시와 지리는 다 갖추었고 마지막으로 인화만 된다면 성공적인 판매를 위한 모든 조건이 완벽한 것이다. 그런데 웬걸! 고객이 매장을 방문했더니 직원들의 인상이 장난이 아니다. 퉁명스러운 고객 응대에 심지어 자기들끼리 의사가 맞지 않는지 언성을 높이며 말싸움을 하기도 한다. 필자는 심지어 매장에서 다투어 울고 있는 직원을 본적도 있다. 이렇게 인화가 안 되는 상황이면 아무리 천시와 지리가 좋아도 성공적인 매장 운영은 기약할 수 없는 상황이 된다.

인상_{人相}과 심상_{心相}

여러 매장을 방문해보면 딱히 흠잡을 것은 없지만 뭔가 분위기가 건조하고 직원들 간의 묘한 긴장감이 느껴지는 매장이 있는 반면, 어떤 매장은 직원들 간에 재미있는 농담뿐 아니라 심지어 힙합 가수들의 노래 가사에서나 들을 수 있는, 서로 디스_{dis}하는 농담들도 웃음으로 자연스럽게 받아들여지는 곳이 있다. 바쁜 직원 쪽으로 고객 업무가 몰리면 서로 알아서 업무를 나누어 도와준다. 고객들도 매장에서 풍기는 직원들 간의 분위기는 쉽게 느낀다. 고객들은 조금 기다려야 하는 상황에서도 그다지 불평이 없다. 이러한 매장은 당연히 잘되는 곳이다. 비슷한 시기, 비슷한 지리적 특성을 가진 매장들도 결국 인화의 정도에 따라 판매 실적의 차이가 나타난다. 판매 성공에는 가격만이 아닌 비가격적인 요소도 큰 영향을 미치는 것이다.

매장의 인화는 그곳에 근무하는 직원들의 얼굴에서 드러난다. 잘되는 매장의 직원들은 인상이 좋다. 좋은 인상_{人相}은 좋은 심상_{心相}에서 나온다. 업무가 많고 쉴 틈이 없어도 얼굴은 웃는 상이다. 직원들의 마음이 즐겁기 때문이다. 고객이 이런 매장에 방문하면 덩달아 기분이 좋아진다.

매장 직원들의 기분을 좋게 만드는 것은 누구일까? 매장의 인화 수준을 높이는 것은 결국 대리점 사장과 매장의 점장, 즉 리더의 몫이다. 매장 직원들이 스스로 즐겁게 일할 수 있는 환경부터 조성해야 한다. 아침 식사를 못한 직원들을 위해 매일 김밥이라도 제공하고 매장 오픈 전에는 음악을 크게 틀어 아침마다 직원들끼리 간단한 파티라도 해보는 것이다. 매장 직원들이 아침에 눈을 떴을 때 가고 싶다는 생각이 드는 매장을 만드는 일, 그것이 바로 대리점 리더의 역할인 것이다.

필자 역시 마케팅팀에서 근무할 때, 매주 월요일 오전에는 회의실에서 팀 전체 구성원 회의가 시작되기 전의 짧은 시간을 활용하여 음악을 틀어놓고 손에는 차 한잔을 들고 돌아다니며 구성원들끼리 담소를 나누는, 마치 스탠딩 파티와 같은 분위기를 연출한 적이 있다. 처음에는 직원들이 서로 어색해하지만 금세 화기애애해진다. 주말에 했던 일들도 공유하고 평소에 자주 얘기하지 못한 구성원들끼리 인사도 할 수 있었던 우리만의 짧은 축제의 장場이었다.

인위적이지 않고 물 흐르듯 자연스러운 것이 최상이지만, 사람들끼리 자연스럽게 분위기가 잘 만들어지지 않을 때에는 인위적일지라도 즐겁게 서로 어울릴 수 있는 환경을 자체적으로 만드는 것이 중요하다. 직원들의 일하는 환경이 즐거워야 좋은 심상이 만들어지고 좋은 심상이 좋은 인상으로 나타나게 되면 인화도 자연스럽게 이루어지는 것이 아닐까? 자연스러운 인화가 될 때까지 계속 노력해보는 것이다. 그렇게 하기 위해서는 대리점 사장부터 스스로 즐거워야 한다. 대리점 사장부터 솔선해서 즐겁고 화합하는 분위기를 만들어야 긍정의 에너지가 매장점장, 매장직원으로 점점 확산될 것이기 때문이다. 이렇게 될 때 밝고 즐거운 분위기의 '낙수효과 trickle down effect'가 위에서부터 아래로, 모든 매장으로 더 크게 더 넓게 흘러 전해질 것이다.

깨진 유리창은 새것으로

우선 깨진 유리창 이야기부터 시작해보자. '깨진 유리창의 이론'은 원래 미국의 범죄학에서 연구된 이론으로 깨진 유리창을 방치해두면 그 지점과 시점 이후로부터 범죄가 점점 확산된다는 주장이다. 이는 심리학에 기반을 둔 이론인데 이를 증명하기 위해 실행되었던 필립 짐바르도 Philip George Zimbardo 교수의 유명한 실험이 있다. 자동차 유리를 깨뜨린 상태로 슬럼가에 방치해두었더니 얼마 지나지 않아 사람들이 배터리도 뜯어가고 타이도 뜯어가고 결국, 이것저것 몽땅 뜯어가서 멀쩡했던 자동차가 고철이 되어버리더라는 것이다. 즉, 어떤 상황에 대해 사소하게 보일 수도 있는 빈틈의 방치가 '여기는 아무도 관리하는 사람이 없소'라는 정보를 스스로 외부에 노출하게 되어 점점 더 큰 파국으로 치닫게 된다는 얘기다. 마이클 레빈 Michael Levine은 그의 저서 『깨진 유리창 법칙』을 통해 범죄 심리학에서의 이러한 이론이 비즈니스 세계에도 동일하게 나타날 수 있음을 주장한다. 아무리 사소한 실수와 착오일지라도 그것이 발생했을 때 기업이 신속하게 대응하고 관리하지 않으면 결국에는 커다란 데미지로 돌아오게 된다는 것이다.

통신 매장을 운영하는 데 있어 나타나는 '깨진 유리창'의 실제 사례는 어떠한 것들일까? 다음과 같이 한 가지 사례를 들어본다.

강서구 가양동에 위치한 B 대리점 매장. 학원가와 시장이 배후에 있어 좋은 상권에 속하며 매장에서 근무하는 직원들의 평균 연령도 낮은 편이어서 매장의 기본적인 영업 조건은 괜찮은 편이다. 그러나 판매 실적은 영 신통치 않았다. 이유가 궁금하여 매장을 방문하여 내부를 점검하고 직원들과 인터뷰를 해보았다.

문제는 역시나 이 매장에서 방치되고 있는 '깨진 유리창들'이었다. 매장 윈도에 아직도 붙어 있는 철 지난 포스터와 배너들, 워터 디스펜서 주변에 묻어 있는 지 오래되어 보이는 커피 자국들, 매장 입구 주변에 버려져 있는 담배꽁초들. 당장 지적할 수 있는 항목들만 해도 열 가지가 넘었다. 더욱 심각한 것은 매장 점장을 비롯한 직원들이 이러한 것들에 대해 별다른 문제의식을 느끼지 않는다는 것이었다.

왜 깨진 유리창들은 그대로 방치되어 있었던 걸까? 매장 직원들이 말하는 '깨진 유리창들을 갈아 끼우지 못한 이유'는 바로 '바쁨'이었다. 고객을 응대하기에도 너무 바빠서 다른 것들은 신경 쓰지 못했다는 것이다. 그러나 정작 무엇을 위한 '바쁨'인지는 반문해봐야 하지 않을까? 고객들의 눈에는 이미 이 매장은 뭔가 부산스럽기만 하고 관리되지 않은 매장으로 인식되어 영업에 대한 신뢰감을 주지 못하고 있었던 것이다. 당장 포스터와 배너를 새것으로 교체하고 매장 내 워터 디스펜서 관리 담당 직원도 새로 정하여 책임지고 수시로 청결하게 관리하도록 하였다. 그리고 직원들이 매장 앞에서는 절대 담배를 필수 없도록 원칙을 정하고 흡연 시에는 매장 뒤편의 별도 장소를 이용하도록 했다. 기실 매장 앞에서 직원들이 무심코 버린 꽁초들이 지나가는 다른 사람들의 꽁초 투기심리까지 유발하고 있었던 것이다.

　매장의 전면은 사람의 얼굴과도 같다. 고객을 맞이하는 얼굴이 금방 자고 일어난 민낯이어서야 될까? 세수도 하고 화장도 해야 한다. 로드숍 형태의 매장은 우선 외면의 상태로부터 고객이 느끼는 이미지가 결정되기 때문에 무조건 깔끔하게 관리되어야 한다. 그런데 앞의 경우와는 반대로 외관을 과도하게 꾸미려는 매장들도 있다. 사람들의 눈에 띄게 하려고 아치 풍선을 요란스럽게 설치하거나 대형 스탠딩 배너를 세워놓고 하고 싶은 말들만 잔뜩 써놓은 매장들이 많이 보인다. 심지어 만국기를 매장 앞 지하철 입구에 연결하여 행인들의 통행에 불편을 주는 경우도 있다. 매장 주변에 이것저것 여러 가지를 많이 늘어놓아 꾸미는 게 능사는 아니다. 매장 내부와 주변 환경은 깔끔해야 하고 전달하고자 하는 메시지는 간결해야 한다. 복잡하고 바쁜 요즘 세상의 고객들은 매장 앞에 잔뜩 써놓은 메시지를 일일이 읽어볼 시간이 없다. 그렇기 때문에 고객에 대한 메시지는 무조건 단순해야 하며 이는 매장의 깔끔한 인상과 무관하지 않다.

강한 것은 단순하다

　앞에서 매장 환경에 대한 이야기를 주로 했지만, 매장 안팎에 설치되어 있는 다양한 형태의 메시지 또한 매장 환경의 아주 중요한 부분을 차지한다. 메시지를 통해 하고 싶은 이야기를 고객에게 인상 깊게 전달해야 할 텐데, 할 것 많고 다닐 데 많은 요즘 고객들의 뇌리에 착 달라붙는 메시지를 만들기 위해 염두에 두어야 할 가장 중요한 요소가 무엇일까?

그것은 바로 단순성 Simplicity 이다. 칩 히스 Chip Heath 는 저서 『스틱! Stick!』에서 짧은 순간에 독자의 뇌리에 깊게 인식되게끔 하기 위한 메시지의 법칙들을 이 단순성을 포함하여 의외성 Unexpectedness , 구체성 Concreteness , 신뢰성 Credibility , 감성 Emotion , 스토리 Story 의 여섯 가지 원칙을 제시한다. 이 여섯 가지의 법칙들 각각의 영문 머리글자를 따오면 성공이라는 의미의 'SUCCESs'가 된다. 성공하는 메시지가 되기 위해서 가장 우선되어야 할 것이 바로 단순성이다. 메시지를 단순하게 만들되 그냥 짧게 만드는 것이 아니라 하고 싶은 말의 핵심을 담고 있어야 한다. 핵심적인 내용뿐만 아니라 그 안에 재치와 유머가 담겨 재미까지 있으면 더욱 고객의 뇌리에 강하게 남을 수 있다. 그러나 늘리는 것은 쉬워도 줄이는 것은 어렵다. 그렇기 때문에 단순성은 고객에게 강한 인상을 남기는 메시지를 위한 가장 중요하고도 어려운 가치인 것이다.

매장에 설치될 배너, POP, 고객 안내문 등은 최대한 메시지의 단순성에 중심을 두고 제작해야 한다.

'우리 매장은 최신 핸드폰을 즉시 개통할 수 있습니다. 그리고 직원들도 매우 친절합니다. 그래서 고객의 만족도가 제일 높은 매장입니다. 액세서리도 공짜로 드립니다.'

이러한 천편일률 千篇一律 적인 내용을 담고 있는 비슷비슷한 배너와 POP들을 부착한 매장들이 아직도 너무나 많다. 그러나 고객이 이러한 내용 중 몇 가지나 기억해줄 수 있을까? 메시지는 최대한 단순하게 하자. 그러나 단순하더라도 너무 뻔한 내용이면 재미가 없어서 고객이 기억해주지 않는다. 그래서 단순함에는 역설적으로 복잡한 고민이 필요한 것이다.

고객의 뇌리에 깊이 각인되게 하는 메시지는 캠페인의 슬로건 같은 형식을 활용하는 것도 좋다. 예를 들어, 미국 클린턴 대통령의 선거 캠페인 슬로건 중 하나가 '경제라니까 이 바보야 It's the economy, stupid!'였다. 핸드폰 매장의 점장이 자기 매장의 가격이 다른 곳보다 더 싸서 충분히 가격 경쟁력이 있다고 생각하여 가격을 가장 강조하고 싶은 차별화 포인트로 삼는다면, '특가판매실시', '할인판매합니다', '꽁짜' 이런 문구의 배너나 POP를 만드는 것보다 좀 더 아이디어를 내보자. 이러한 메시지들은 단순하지만, 재미도 없고 뇌리에도 잘 남지 않는다. 대신 클린턴의 슬로건을 슬쩍 참고하여 '가격이라니까 이 바보야!'라고 한번 만들어보면 어떨까? 가격에 자신 있다는 핵심적인 메시지를 단순하지만, 도발적이고 자극적인 문구로 보여줌으로써 고객들에게 매장을 훨씬 더 어필할 수 있지 않을까? 개그 · 역사 · 시사 · 경제 등 문구에 활용할 수 있는 분야와 재료들은 얼마든지 있다. 이슈가 생길 때마다 또는 새로운 세일즈 포인트를 강조해야 할 때마다 매장에 게시되는 메시지에 단순한 강렬함이 꽉꽉 느껴지고, 또한 판매 시에 직원들이 이러한 메시지를 자연스럽게 한목소리로 활용하는 매장이 있다면 이곳은 이미 앞서가는 매장이다.

이야기의 힘

아무리 사소한 것이라도 거기에 '스토리'가 있으면 그때부터는 '이야기'가 달라진다. 그냥 주변에 아무 물건이나 예를 들어보자. 아무것이나 괜찮다. 사과Apple? 그럼, 사과를 예로 들어보자. 사과에 대한 스토리가 있다면, 이 책을 읽고 난 독자는 분명 사과에 대한 에피소드들을 오래 기억하게 될 것이다.

사과는 그냥 과일의 한 종류이다. 그러나 사과와 관련하여 파생시킬 수 있는 이야기는 무궁무진하다. 누군가는 자신이 잘못한 일이 있을 때 사과Apology의 의미로 꼭 상대방에게 사과Apple를 선물했다는 이야기를 할 수 있다. 애플사社는 왜 회사 로고를 하필 한입 베어 문 사과로 그렸던 걸까? 사과를 한입 깨문 것은 지식의 습득을 가리킨다는 이야기도 있다. 그러고 보면 트로이 전쟁은 사과 하나로 시작된 이야기가 아닌가? 황금 사과를 가장 아름다운 여신에게 주라는 심판의 순간에서 파리스는 자신을 선택하면 최고의 미녀를 주겠다는 제안을 한 아프로디테를 선택했고, 아프로디테는 약속을 지키기 위해 이미 결혼한 헬레네를 파리스가 차지하도록 도와주게 되면서 10년 동안 지속된 트로이 전쟁의 서막이 열리게 된 것이다. 또한, 일본의 아오모리 현에서 생산되어 대박이 난 것으로 유명한 '합격 사과'에 얽힌 이야기는 어떤가? 이 사과 또한 세찬 태풍에도 떨어지지 않고 끝까지 버텨냈다는 사실을 역발상으로 활용하여 '이 사과를 먹으면 시험에 절대로 떨어지지 않을 것'이라는 스토리를 성공적으로 마케팅에 활용한 것이다.

이처럼 어떤 사물에 대해 자유로운 발상으로 무궁무진한 스토리를 만들고 그것을 통해 고객의 흥미와 관심을 이끌어내고 궁극적으로는 세일즈 커뮤니케이션으로 자연스럽게 이어지게 만드는 것, 이것이 바로 이야기가 가진 힘이다. 결국, 고객은 평범한 사물이더라도 그 이면에 무슨 이야기가 숨어 있는지가 궁금하며 그 이야기가 자신과 관계있는 이야기라면 더욱 특별하게 기억하게 된다.

핸드폰 매장에서 고객에게 이루어지는 판매 상담도 결국은 스토리텔링Story-telling 이 되냐, 그렇지 않냐에 따라 성패가 좌우된다. 고객의 성별, 직업, 결혼 여부, 생활 패턴 등에 따라 어떠한 이야기를 중심으로 상담을 풀어갈 것인지가 결정된다.

예를 들어, 어떤 고객이 미혼이라면 주변의 미혼 친구들의 생활 이야기를 통해 핸드폰뿐만 아니라 1인 가구에 적합한 유선 인터넷 상품까지 추가로 판매할 수 있으며, 만약 자녀가 있는 고객이라면 고객의 관심이 큰 자녀의 학습과 게임에 대한 주제로부터 이야기를 시작해 가족이 필요로 하는 유선 인터넷을 저렴하게 핸드폰과 결합 가입하는 방향으로 상담할 수도 있다. 또한 직장인 고객이라면 직장인 라이프 스타일에 대한 이야기를 통해 신용카드 사용과 연계되어 할인 혜택이 높은 상품을 구매하도록 안내할 수 있고, 보험에 관심이 있는 고객이라면 보험 이야기를 통해 연금보험 상품도 추가로 판매할 수 있다. 다시 말하면, 고객의 이야기를 들어주고 그 상황에 맞는 다른 사람들의 유사한 사례를 통해 고객이 관심 가질 만한 상품과 서비스에 대한 이야기를 나누면서 결국 다시 고객의 이야기에 대해 공감해준다. 이러한 과정에서 궁극적으로는 이야기의 흐름에 따라 판매 이야기도 자연스럽게 따라오게 되는 것이다.

이처럼 매장 직원이 현장에서 이야기의 힘을 잘 활용하기 위해서는 평소에 꾸준한 훈련이 필요하다. 고객의 상황과 반응에 따라 이야기를 활용하고 판매로 이끌어나가는 역량을 익히기 위해서는 역할 놀이 Role Playing 가 큰 도움이 된다. 직원들끼리 서로 고객과 판매 직원의 역할을 바꿔가며 자연스럽게 숙달될 때까지 진지하게 역할 놀이를 해보는 것이다. 이러한 연습이 충분히 된 매장의 직원들이 점점 늘어갈수록 그 매장은 확실히 더 잘되는 매장으로 변해간다.

그런데 현장에서는 매장 직원들이 이러한 이야기의 힘을 활용하지 못하는 안타까운 경우들을 많이 목도하게 된다. 매장 직원들이 판매에만 마음이 급하여 고객과 충분한 상담을 못 하는 경우도 있고, 직원 스스로 이야기할 만한 충분한 레퍼토리가 없어서 고객과의 대화가 이어지지 않고 단발성으로 상담이 끊기는 경우도 있다. 상담 중 고객과 판매 직원 서로가 어색한 침묵이 길어지는 경우도 종종 목격된다. 이를 극복하기 위해서는 매장 직원들 스스로 자신의 스토리텔링 역량을 높이는 노력을 하는 수밖에 없다. 점장을 중심으로 여러 가지 주제에 대해 직원들이 스터디를 하거나 다양한 상담 케이스에 대해 의견을 나누는 시간을 갖는 것도 필요하다.

평범한 일상에서 명품 스토리를 찾아내려면 적극적으로 여러 가지 경험을 해보는 것이 좋다. 그렇기 때문에 직원들 스스로 외부 단체나 모임 활동, 독서 등을 통해 다양한 경험치를 꾸준하게 축적하는 것이 중요하다. 판매 직원들의 상담 레퍼토리의 내용이 풍부해지고 그 수준까지도 높아진다면 고객들이 매장을 바라보는 눈빛부터가 달라질 것이다.

THREE
T요금설계사 프로그램

여기서는 2013년에 마케팅본부에서 근무할 당시 필자가 중심이 되어 개발하고 운영했던 'T요금설계사-점장 기氣 살리기를 통한 요금제 상담 및 설계 전문가 양성 프로그램'을 소개하고자 한다. 창업創業보다 수성守成이 쉽다는 말이 있지만 과연 그럴까? 새로운 프로그램을 만들고 그것을 확산시키는 일은 상당한 고민과 노력을 필요로 한다. 실제 새로운 업무를 개발하고 활성화하기 위해 이루어지는 과정에서 발생하는 어려움을 함께 느끼고 고민해보면 현장에서 마케팅 프로그램을 기획하고 실행하는 과정에 대한 이해도가 높아질 것이다.

요금제, 그 뜨거운 감자

　매장 직원과 고객이 판매 상담을 할 때 가장 중요하면서도 민감하게 느끼는 부분이 바로 요금제와 관련된 커뮤니케이션이다. 요금은 통신사의 매출과도 직결되는 사항이기도 하며 판매 직원과 고객 모두에게는 이 부분에 대해 서로 명확한 이해와 약속이 이루어져야 판매 후에도 서로에 대한 불만 발생이 없다. 어떤 경우는 고객이 특정 요금제가 명기된 가입신청서에 본인이 직접 서명까지 해놓고도 그동안 사용했던 요금제가 본인이 알고 있는 것과 다르게 되어 있는 것 같다며 매장으로 찾아와 따지고 언성을 높이는 경우도 종종 목격된다. 자신의 돈이 들어오고 나감에 둔감한 사람은 흔하지 않은 법이다. 고객 입장에서 판매 직원은 무조건 비싼 요금제를 권하는 것처럼 보이는 경우도 있겠지만, 판매 직원은 나름대로 고객이 여러 가지 서비스를 많이 활용할 수 있는 프리미엄 요금제를 한번 경험해보길 추천하는 부분도 있다. 상대적으로 높은 수준의 요금제에 가입하면 풍부한 음성 통화량 및 데이터 사용량을 제공받을 수 있을 뿐 아니라 요금제에 따라 매달 사용 시 납부하는 요금에서 일정 금액을 더 할인받을 수 있다. 그런데 고객은 혜택은 더 많이 받기를 원하지만 요금제는 더 싼 요금제를 원한다. 여기서 딜레마가 생긴다.

　더 안타까운 것은 고객이 핸드폰 구매 시에는 판매 직원의 추천에 따라 선택한 요금제를 한 달 동안 사용해보지만 그 이후에 다른 요금제로 변경해버리는 경우이다. 이러한 현상이 계속되면 요금제를 권하고 상담하는 활동 자체에 대해 고객과 판매 직원 사이의 신뢰가 자칫 무너지는 상황에 이를 수 있다.

이는 한편으로는 고객과 판매 직원과의 상담 시 서로 간에 요금제에 대한 충분한 설명과 이해가 없었음을 방증傍證하는 것이기도 하다. 고객은 단순히 '좋은 조건으로 핸드폰 개통을 하기 위해서는 처음에는 판매 직원이 권하는 요금제를 써야 하는가 보다' 하는 정도로 인식하고 판매 직원들도 '그냥 다른 사람들도 다 이걸로 한다고 하니까' 별다른 고민 없이 관성적으로 요금제를 추천하는 경우가 많다. 판매 직원이 고객의 생활 패턴에 맞는 최적의 요금설계를 전문성 있고 멋지게 상담할 수도 있을 텐데 말이다. 그리고 이러한 전문적인 상담을 통해 고객이 그동안 몰라서 경험하지 못했던 잠재된 수요도 이끌어낼 가능성이 충분히 있다. 이런 측면에서는 적어도 통신 서비스에는 새로운 서비스의 등장으로 '공급이 수요를 창출한다'는 세이의 법칙Say's law 을 적용할 수 있는 부분이 있는 것 아닐까? '이러이러한 좋은 것들이 있는데 한번 사용해보세요. 괜찮다고 느끼시면 앞으로 다른 것도 더 추천하겠습니다'라는 적극적인 추천을 통해 고객이 미처 알지 못했던 서비스의 기능과 용도를 발견하게 되면 그것이 궁극적으로 고객의 생활에 또 다른 가능성과 효익을 가져다주지 않을까? 물론 고객에게 이러한 가능성을 일깨워주고 생활의 가치를 발견하게끔 돕기 위해서는 판매 직원의 전문성과 신뢰감의 확보가 전제 조건일 것이다.

두 가지 질문

매장의 판매 직원과 고객 모두가 고객이 사용하게 될 요금제를 정확히 인지하고 커뮤니케이션이 이루어지게 된다면 지금보다 더 서로에게 도움이 될 것이다. 필자는 '고객이 요금제를 선택할 때 본인의 선택에 대한 확신을 심어줄 수 있는 방법은 없을까, 그리고 방법이 있다면 그것을 실제 현장에서 지속해서 작동하게끔 만들 수 있을까' 하는 고민을 계속했다. 특정 직원뿐만 아니라 매장 내 모든 직원이 요금제에 대해 잘 이해하고 고객과 판매 상담 시 자신 있게 설명할 수 있도록 꾸준히 관심을 갖게 만드는 방법이 있으면 좋겠다는 생각을 했다.

그러나 현장에서는 여전히 인식의 차이들이 존재했다. 통신 서비스에 있어서 통신사, 대리점, 고객 3자 간의 관계 속에 핵심적인 연결고리가 되는 요금제, 그리고 그 중심에는 통신사와 고객 사이를 이어주는 가장 중요한 역할을 하는 판매 직원이 있다. 그런데 판매 직원들의 요금제에 대한 인식 차이는 각양각색이었다. 고객에게 보다 도움이 되는 요금제를 하나라도 더 추천하기 위해 애쓰는 직원이 있는가 하면, 무조건 개통을 성공하기 위해 요금제 종류는 아예 신경을 안 쓰는 직원도 있었다.

요금제에 대한 두 가지 질문이 필자의 머릿속을 떠나지 않았다. 첫 번째 질문은 '요금제에 대한 설명 하나만이라도 전문적으로 상담하도록 하여 고객의 신뢰를 얻을 수는 없을까?' 하는 것이었다. 이는 대리점과 고객 사이의 관계에서 답을 찾아야 할 질문이다. 매장 직원이 요금제를 설명하는 과정이 고객이 생각하기에 그냥 매장에서 해야 하니까 관성적으로 권하는 것처럼 느껴지는 것 같았다. 매장 직원의 요금제에 대한 설명과 추천이 고객이 느끼기에도 고객 스스로 통신 생활의 가치를 높이게끔 도와주는 활동으로 인식되고 나아가 요금제 상담에 대해 고객이 전문성과 신뢰감을 갖도록 할 수는 없을까?

두 번째 질문은 통신사와 대리점 사이의 관계였다. 통신사는 판매 직원들이 스스로 요금제 유치에 관심을 가지고 활발하게 상담할 수 있도록 환경을 조성해주어야 할 것이다. 그러나 통신사에서는 대리점 직원들에게 요금제를 고객에게 잘 설명하고 추천하라고 말로만 강조하고 있는 것이 현재의 모습은 아닐까 하는 반문을 해보았다. 요금제 설명을 열심히 잘하는 직원들이 자부심을 느끼게 만들어주어 적극적이고 지속적으로 활동하도록 동기를 부여하는 방법은 없을까?

이 두 질문에 대한 대답만 나온다면 요금제와 관련하여 판매 직원과 고객의 소통 수준이 현재보다 진일보할 것이라고 확신했다. 결국, 유통망에 실질적인 변화를 가져오기 위해서는 고객을 직접 상대하는 매장 직원들에게 어떠한 방식으로 동기를 부여할 것인가에 대한 고민에서 출발해야 한다. 접점에서 고객과 직접 소통하는 사람들은 매장 직원들이며, 그들의 마음을 먼저 얻어야 고객의 통신 생활의 가치를 높이겠다는 진정성이 고객에게도 전달될 것이다.

스스로 이끄는 셀프 리더십

필자는 요금제에 대한 가치를 전달하는 핵심적인 역할을 하는 주체로서 누구보다 매장의 점장을 주목했다. 대리점이 한 군데의 매장만을 운영하는 단일 매장 대리점의 경우는 사장이 곧 점장이지만, 여러 소매 매장을 거느린 다매장 대리점의 경우 점장은 매장 직원 중 경력이 있고 우수한 직원이 선발된다. 점장은 매장에서 이루어지는 판매·인력·환경 등 모든 영업 관리 업무를 총괄하는 책임과 권한을 가진다. 매장 운영의 성패는 리더 역할을 하는 점장의 역량에 좌우된다고 해도 과언이 아니다. 따라서 매장 전체 직원들이 요금제의 내용을 잘 인지하고 고객에게 잘 설명하게 하기 위해서는 먼저 점장을 움직여야 한다는 결론에 도달했다.

점장이 책임지고 고객에게 요금제의 가치를 전달하는 활동의 중심적인 역할을 하게 만드는 프로그램을 구축하기로 했다. 이름 하여 'T요금설계사' 프로그램이다. 고객의 통신 서비스 사용 패턴에 최적화된 요금제를 찾아서 추천하고 신뢰감 있는 상담을 통해 고객의 요금 설계를 도와주자는 취지이다. 매장 점장들에게는 요금제 상담전문가를 양성하는 프로그램이기도 하다. 요금제 설명 및 추천 활동이 우수한 매장의 점장에게 '요금설계사'라는 직책을 부여함으로써 통신사와 대리점 사장으로부터 인정받을 수 있게끔 하고 앞으로 더욱 요금제 추천에 대한 책임과 역할을 기대하게 하는 것이다.

이러한 프로그램을 구축하기에 앞서 요금제 유치와 유지 활동을 잘하고 있는 매장의 점장 6명을 초청해 한자리에 모이게 한 후 의견을 들어보는 자리를 만들었다. 그룹 인터뷰에 응한 점장들에게 먼저 프로그램 구축에 대한 취지와 방향에 대해 설명하니 모두 요금제의 운영 방식을 개선할 수 있는 프로그램의 필요성에 공감하는 눈치다. 이어서 현재의 요금제 추천 방식을 변화시킬 수 있는 의견들을 허심탄회하게 이야기하게 했다. 그 결과, 고객에게 신뢰감을 주는 요금제 추천 방식, 점장 중심의 요금제 관리, 매장별 요금제에 대한 통계 관리, 잘하는 매장에 대한 동기 부여, 매장 간의 노하우 공유 등 탁상공론이 아닌 현장에서 정말 필요로 하는 살아 숨 쉬는 의견들이 많이 도출되었다. 그중 특히 점장 중심의 요금제 관리 방안은 평소 필자가 고민했던 핵심적인 내용이었는데, 점장들의 목소리와도 일치하는 부분이었다.

활동이 우수한 매장 점장에게 요금제 상담 전문가라는 의미인 '요금설계사'라는 타이틀을 부여하는 것은 심리학적으로도 '완장 효과'를 기대하는 부분이 있음은 물론이다. 자리가 사람을 만드는 것과 같은 이치인데 전문가라는 완장을 채워줌으로써 점장은 직책에 부합하는 인정을 받기 위해 요금제 추천 방식을 개선하기 위한 자발적인 노력과 고민을 스스로 하게 되는 것이다. 요금설계사인 점장은 스스로 전문성을 증명하기 위해 요금제를 더욱 열심히 공부하고 상담에 있어서도 다른 직원들의 모범이 되고자 할 것이기 때문이다. 이 프로그램을 통해 또 다른 효과도 기대할 수 있는데, 이는 점장의 동기 부여 측면과 아울러 고객이 점장을 대하는 방식에서도 심리학적인 효과를 거둘 수 있다는 것이다. 다르게 말하면, '권위에 대한 복종 obedience to authority 의 효과'이다. 심리학자 스탠리 밀그램Stanley Milgram의 실험 결과가 이를 설명하기도 한다. 밀그램의 실험에 참여한 지원자들이 실험복을 잘 차려입은, 권위가 있어 보이는 연구자들의 지시에 잘 순응한다는 것이다.(심지어 다른 실험 상대에게 고통을 주는 것처럼 보이는 부당한 명령에도 연구자들에게 도전하지 않고 잘 따르더라는 것을 전기충격실험을 통해 증명한 사례가 있다.) 어떤 사람이 뭔가 전문가답고 권위가 있어 보이는 외면적인 조건 자체만으로 그러한 조건으로 인해 그 사람이 하는 말과 행동을 사람들이 수용할 가능성이 높다는 것이다. 이러한 심리학적인 효과의 일부분이라도 좋으니 점장들이 고객들에게 합당한 신뢰와 인정을 받는데 'T요금설계사' 프로그램이 도움이 되면 좋겠다는 생각이었다. 통신사에서 인정한 요금설계 전문가라는 '권위'가 고객들로 하여금 더욱 점장들의 말에 귀를 기울이게 만들 것이라 기대하였다. 그 전제로 점장에게 요금설계 전문가의 권위에 걸맞은 역량이 갖추어져야 함은 물론이다.

선즉제인先卽制人 : 우선 실행하라

선즉제인은 『사기史記』의 「항우본기項羽本紀」에 나오는 말로, 회계 군수 은통殷通이 항우項羽의 숙부인 항량項梁에게 했던 '진나라를 멸망시키려는 때가 왔다. 내가 들건데 먼저 착수하면 남을 제압할 수 있고, 나중에 하면 남에게 제압당한다'는 말에서 유래된 성어이다. 즉, 일이 될 것이라는 확신이 들면 주저하지 말고 먼저 실행하라는 뜻이다. 주요 점장들과의 그룹 인터뷰 후 더욱 이러한 프로그램의 필요성을 확신했고, 이 생각을 바탕으로 필자가 소속된 마케팅팀이 담당하는 대리점들부터 먼저 적용하기로 했다. 'T요금설계사'에 대한 개념과 취지를 설명하고 월말까지 요금제 추천 활동이 우수한 매장 30곳을 요금설계사 1기 대상으로 선정한다고 전체 유통망에 공지했다. 대리점 사장과 점장, 직원 모두에게 프로그램에 대해 안내하고, 경우에 따라서는 직접 사장들을 초청해서 프로그램을 설명하는 자리를 만들었다. 어떠한 프로그램이든 시작 초반에 분위기를 확실하게 잡아 관심을 높이는 것이 중요하다. 유통망을 위해 아무리 좋은 프로그램을 만들었다 하더라도 유통망의 관심이 없으면 무용지물이 되고 만다. 결국, 관심이 있어야 참여를 하게 되고 참여가 있어야 프로그램이 돌아가기 때문이다. 월말까지 열심히 활동하여 실적이 우수한 매장 서른 군데를 최종 선정해 해당 대리점 사장들에게도 축하 메시지를 전하고 해당 매장의 점장들은 프로그램 출범식에 참석하도록 통보했다.

 T요금설계사 1기로 선정된 30명의 점장에게는 앞으로의 활동에 따라 별도의 인센티브를 추가 지급하기로 했다. 또한 요금제 커뮤니케이션 역량 향상을 위한 별도의 워크숍을 시행하고 소정의 과정을 이수하면 인증식을 통해 요금설계사 인증서를 수여받도록 했다. 인증서는 매장 내 잘 보이는 곳에 비치할 수 있도록 안내하고 고객이 요금설계사를 잘 식별할 수 있게끔 별도 제작한 목걸이 명찰도 지급했다. 해당 대리점 사장들에게도 공지하여 특별 인정을 당부하고 앞으로 점장들이 요금제 추천 활동을 잘 수행할 수 있도록 측면지원을 요청했다.

참여와 공유 그리고 경쟁

T요금설계사 1기 프로그램을 신속하게 출범시켰지만, 운영 효과를 극대화하기 위해서는 요금설계사들이 자발적이고 의욕적으로 활동하는 것이 중요하다. 이를 독려하기 위해서는 '따로 또 같이'의 가치를 실현하는 방법이 필요했다. 사람이 모인 조직이 건전한 긴장감을 가지고 지속적으로 존속하고 발전하기 위해서는 각자의 나아갈 길을 '따로' 개척하면서도 좋은 것들은 '같이' 공유하여 시너지를 창출해야 할 것이다. 요금설계사들이 서로 어울리며 협력하는 것도 필요하며 한편으로는 각자의 실력과 개성을 바탕으로 각자도생各自圖生하게 만드는 것도 필요한 것이다.

그래서 우선 오프라인에서뿐만 아니라 온라인에서도 요금설계사들끼리 서로 알고 지내면서 질문 사항은 서로 묻고 답하며 상담 노하우를 공유할 수 있는 장場을 만들어주었다. 각 매장에 설치되어 있는 가입자 전산 게시판에서 요금제에 대한 고객 상담 요령, 커뮤니케이션 스킬 등 다양한 사례에 대한 노하우 공유가 이루어지도록 했고 초반 활성화를 위해 활동이 우수한 점장들에게는 인센티브를 제공하여 활동에 대한 모티베이션을 활성화했다. 또 현장의 활용성을 높이기 위해 실시간 확인이 가능한 모바일 커뮤니티를 만들어 그곳에서도 다양한 활동 공유와 질의응답이 가능하도록 했다. 요금설계사들이 스스로 고민하고 질문하고 해결하는 집단 지성의 공간이 마련된 것이다.

여기에 더하여 열심히 활동하여 우수한 성과가 나오는 점장은 더욱 장려하고 활동이 부진한 점장은 인센티브 지급 대상에서 제외하는 반면, 활동이 우수하여 새롭게 대상자가 된 점장을 인센티브 지급 대상에 포함함으로써 조직의 역동성을 배가했다. 인센티브 대상자는 매달 새롭게 선정되는데 이번 달에 인센티브 대상에서 제외된 점장은 열심히 노력해서 우수한 활동 성과를 보이면 다음 달에 다시 대상으로 선정되는 방식이다. 모두에게 기회는 열려 있으되 스스로 실력을 높여서 성과를 보여야만 지속해서 인센티브를 수혜받을 수 있는 구조인 것이다. 꾸준하게 열심히 활동하여 성과가 높은 점장들에 대해서는 '레전드 빅매치'라는 별도의 모티베이션 프로모션도 시행함으로써 더욱 프로그램에 대한 애착심과 참여도를 높이도록 하였다.

T요금설계사 프로그램은 2013년 초부터 매달 시행하는 것을 원칙으로 유통망 직원들이 지속적인 관심을 갖도록 했고, 요금제 추천, 유치, 유지 활동을 잘하기 위해 고민하고 열심히 활동한 점장들을 인정하고 격려함으로써 전체적인 유통망의 참여를 이끌어냈다. 또 온·오프라인에서 점장들끼리 정보와 노하우를 자유롭게 공유할 수 있는 장場을 만들어 요금제 상담 역량을 높이는 활동을 장려하였다. 이처럼 요금설계사들의 연대를 통한 협력과 모티베이션 활동을 통한 경쟁은 유통망에 긍정적인 변화를 불러일으켰다. 프로그램 시행 후 매장 직원들의 요금제 상담 및 추천 활동이 활발하게 운영되었고 유통망 전체적으로 요금제에 대한 유치율과 유지율이 모두 괄목할 만한 개선을 보이면서 팀의 성과가 본부를 선도하게 되었다. 그러나 무엇보다 소중한 수확은 대리점 직원들의 마인드 변화였다. '열심히 해서 내가 잘하면 회사가 나를

인정해주는구나! 진정성 있는 상담을 하면 고객들도 내 말에 귀를 기울여주는구나! 나의 작은 노력들이 실질적인 변화를 이끌어내는구나!' 라는 긍정성과 자신감 회복이 바로 그것이었다.

이에 더하여 리더와 관리자의 중요한 역할은 요금설계사와 같은 플레이어들이 열심히 뛸 수 있는 환경을 만들어주는 것이다. 리더가 좋은 환경을 만들어주어야 직원들 중에서 탑 플레이어가 탄생하기도 하고 새로운 슈퍼 루키도 나타나는 것이다. 매장 직원들의 자발성을 극대화시킬 수 있는 방법, 그것의 실마리를 'T요금설계사 프로그램'에서 찾아볼 수 있지 않을까?

FOUR
직원의 품격

통신 마케팅의 모든 문제는 궁극적으로 사람의 문제로 귀결된다. 매장 직원들이 신나게 일할 수 있도록 사장은 좋은 리더가 되어야 하고, 상담이 끝난 후 고객이 기분 좋은 마음으로 매장을 나설 수 있도록 매장 직원은 훌륭한 상담사가 되어야 한다. 아니 매장 직원은 상담사로서만 역할이 끝나서는 안 된다. 고객의 스마트한 라이프를 리드하는 종합 통신 컨설턴트가 되어야 한다. 그래서 고객에게 무한 신뢰와 사랑을 받는 전문가가 되어야 한다. 그렇게 되기 위해서는 매장 직원들의 품격이 지금보다 더 높아져야 하고 직원들 스스로 거기에 걸맞은 노력을 기울여야 할 것이다. 품격 있는 대리점 직원들은 서비스 사업에 대한 안목도 있어야 하며, 고객과의 대화 시 어떤 주제라도 막힘 없이 거들 수 있는 배경지식도 있어야 할 것이다. 직원들의 품격이 곧 매장과 서비스의 품격인 것이다. 직원의 품격을 최고로 만들기 위해 어떠한 노력이 필요한 것일까?

벤치마킹

대리점 매장의 직원들은 규모에 따라 인원수의 차이는 있지만, 통상적으로 통신 경력이 많은 직원인 점장과 판매전문 직원, 전산전문 직원 등 서너 명 정도로 구성되어 있다. 바쁠 때면 서로 역할 분담을 잘하여 고객 대기 시간을 최소화하고 팀워크를 통해 상담 시 판매 성공도 높이도록 해야 한다. 그런데 문제는 고객의 방문이 뜸한 한가한 시간대이다. 필자가 마케터 업무를 할 때 소매 매장들을 방문해보면 내방객이 없는 한가한 시간대에도 대부분의 경우 점장이 매장에 그냥 앉아 있을 때가 많다. 점장이 매장에 없을 때 방문하더라도 직원들에게 점장이 다른 매장으로 벤치마킹하러 갔다는 이야기를 듣는 경우는 거의 없다.

필자는 고객 응대가 중요한 요소인 서비스 업종일수록 벤치마킹이 중요하다고 생각한다. 벤치마킹은 단순히 경쟁사에 대한 모방이나 복제가 아니다. 현재 '우리'의 모습을 먼저 알고 '남'의 모습을 분석하여 그것을 '우리'에게 적합하도록 재창조하는 과정이다. 그렇게 하기 위해서는 우선 많은 경험input을 하는 것이 필요하다. 특히 점장은 시간이 있을 때면 여기저기 많이 다녀봐야 한다. 주변의 동종 브랜드의 통신 매장뿐만 아니라, 경쟁사 매장, 판매점 매장 등 매장의 범위를 더 넓히고, 나아가 전자제품 전문 매장, 대형 마트, 화장품 등 이異업종 서비스 매장들로 방문 범위를 확대해야 한다. 물론 근처에 위치한 매장들은 점장의 안면을 알아볼 수 있으니 방문하기가 꺼려질 수 있다. 그러니 판매가 잘되는 매장들에 대해서는 그곳이 다소 먼 곳에 위치해 있더라도 찾아가서 고객인 척 역할 놀이를 해보면서 매장의 장단점과 특성을 파악해보는 것이다.

잘되는 매장은 고객 응대 방식, 세일즈 자료 내용, 포스터 배치, 매장 환경 등 다양한 판매 시스템이 틀림없이 잘 돌아가는 구조이다. 물론 현장에서는 잘 파악되지 않는 개별 대리점만의 내부 관리 시스템도 있을 수 있다. 그러나 고객이 느끼는 것은 현장에서 직접 경험할 수 있는 요소들이다. 매장을 방문한 점장이 돌아와서는 벤치마킹했던 것들을 매장의 직원들과 공유하고 다 같이 스터디를 해보는 것이다. 바쁘더라도 조금만 시간을 투자해서 주위를 관찰해보면 생생하게 살아 숨 쉬는 현장에서 끊임없이 공부하고 배울 거리가 생긴다.

다양한 환경 속에 끊임없이 스스로를 노출시켜야 새로운 아이디어가 생긴다. 많이 다녀보고 느껴봐야 요즘의 서비스 업종들의 트렌드가 무엇인지, 고객들의 변화는 무엇인지, 우리 매장에 부족하거나 필요한 부분은 무엇인지, 강점으로 더욱 살려야 하는 것은 무엇인지 등에 대한 아이디어들 output이 끊임없이 쏟아진다. 다른 곳에서 발견한 좋은 점을 단순히 카피해서 흉내만 내는 것에 그치는 것이 아니라 그것을 재료로 삼아 우리 매장만의 독창적인 스타일로 재창조해보는 것이다. 작은 것들부터 매장 직원들과 같이 공유하고 고민해보면 서서히 큰 변화가 틀림없이 나타날 것이다.

독서경영

필자는 다년간 다수의 대리점 현장을 다니며 여러 사장과 직원들과 함께 미팅하거나 인터뷰한 적이 많았는데 사장들과의 대화 중에서는 책에 대한 주제로도 서로 이야기를 나눈 적이 있지만, 직원들과의 대화에서는 그런 경우가 거의 전무全無할 정도이다. 어쩌면 독서가 리더와 직원의 차이를 설명해주는 극명한 한 가지 요소가 될 수도 있다는 생각도 들었다. 직원의 품격을 높이기 위한 방법이 직원들이 옷을 잘 차려입게 하고, 판매교육을 많이 받게 하는 것만은 아닐 것이다. 직원들이 독서를 통해 상상력을 높이고 문제해결에 대해 다양한 시각을 가질 수 있게 하는 것, 이것이 결국 보이지 않지만 성공의 길로 가는 매장과 그렇지 매장과의 큰 차이를 만들어내게 된다.

물론 매장에서 고객 응대와 판매에 바쁜 직원들에게 이런 이야기를 하면 그들은 섭섭해하며 '일하느라 잘 시간도 부족한데 독서할 시간이 어디 있냐'라고 반문할 수도 있다. 그러나 독서도 결국 생활 습관인 것이다. 출퇴근 전후, 쉬는 시간, 자투리 시간 등이라도 마음만 먹으면 얼마든지 독서를 위한 시간으로 활용할 수 있다. 건강한 육체를 위해서 꾸준한 운동이 필요하듯이 강건한 정신을 만들기 위해서도 꾸준한 독서가 필요하다. 매장을 다녀보면 직원들이 쉬는 시간이나 여유 시간에는 거의 대부분 스마트폰으로 게임을 하거나 삼삼오오 모여서 담배를 피우는 경우가 많다. 이는 비단 특정 대리점들뿐만 아니라 여러 형태의 통신 매장에서 어렵지 않게 관찰되는 풍경이다. 물론 보이지 않는 곳에서 독서경영을 실천하는 직원들도 있을 것이라 믿는다.

매장 직원들을 좀 더 멋지고 스마트한 모습으로 바꿀 수 있지 않을까? 필자는 이를 위한 가장 빠른 방법 중의 하나가 독서의 장려라고 생각한다. 대리점의 리더인 사장들이 앞장서서 직원들의 독서를 장려하는 분위기를 만들어주는 것이 중요하다. 매달 주제를 다르게 정해서 관련 서적들을 읽고, 직원들끼리 독서토론을 해서 생각과 의견을 정리해보고, 우수 독서자에게는 포상도 시행하는 등 다양한 방법들을 생각할 수 있다. 결국, 이러한 독서 경영이 직원들의 상담과 판매 경쟁력을 가져오게 될 것이고 이는 다른 대리점 보다 뛰어난 차별 요소가 될 것이다.

『월든』의 작가 헨리 데이비드 소로 Henry David Thoreau 는 '한 권의 책을 읽음으로써 자신의 삶에서 새 시대를 본 사람이 너무나 많다'라고 했다. 중국 송나라의 문인 왕안석 王安石 은 「왕형공권학문 王荊公勸學文 」이라는 시를 통해 '가난한 사람은 독서를 통해서 부유해지고, 부유한 사람은 독서를 통해서 귀하게 될 것이다 貧者因書富 富者因書貴 '라는 표현으로 독서의 가치를 설파했다. 책을 읽음으로써 나 자신 스스로의 가능성을 발견하고 새로운 인생을 맞이하게끔 하는 것도 바로 독서의 힘인 것이다. 독서를 통해 깨달음을 얻고 새로운 기회를 맞아 인생의 발전적인 전기 轉機 를 맞이하는 사람들은 동서고금을 막론하고 수없이 많을 것이다. 대리점 직원들도 독서를 통해 자신만의 성공 스토리를 써나가면 어떨까?

필자는 통신 업계와 관련된 분야에서도 실제 사례를 접하기도 한다. 필자가 수도권 마케팅본부에서 근무할 때 마케터를 위한 지식 포럼을 운영한 적이 있다. 매주 목요일 아침 운영했던 이 포럼에서 한번은 통신 판매 전문 강사로 활동하고 있는 외부 사람을 특별 강사로 섭외한 적이 있다. 이길재 강사. 그의 커리어는 원래 매장 판매 직원에서부터 출발했다. 탁월한 판매 성과를 내며 이동통신 세일즈에 재미를 붙이고 나서부터는 자신의 판매 성공 스토리를 강의를 통해 교육하고 전파하는 것에도 흥미를 느끼게 되었다. 판매 직원 대상 교육을 전문으로 하는 '세일즈 & CS 아카데미'에서 최우수 강사로도 선정되기도 한 그는, 결국 대리점 현장 판매 컨설팅을 전문으로 하는 회사를 차려 컨설턴트로 새롭게 변신하여 활약하고 있다.

이길재 강사는 자신의 삶에서 '새 시대'를 어떻게 만들어간 것일까? 물론, 본인의 성공을 향한 열정과 수년간의 현장 경험이 중요한 자산임은 분명하다. 그러나 새로운 가능성의 나를 발견할 수 있는 상상력을 갖게 하고 가능성을 현실로 만드는 추동력을 갖게 해준 것은 바로 독서이다. 이길재 강사는 다독가이다. 본인이 읽고 나서 공명이 있었던 책의 내용은 SNS를 통해 소개하여 지인들과 공유한다. 앞으로의 활동이 더 기대가 되는 이길재 강사. 그는 자신의 독서에 대해 이렇게 이야기한다.

"제가 강의를 할 때나 컨설팅을 할 때뿐만 아니라, 저에게 미래와 성공을 위한 방향과 지표를 알려주는 것은 항상 독서였습니다. 앞으로 아무리 바빠지더라도 저는 지금보다 더 많은 책을 읽고 싶습니다."

대외활동

　본인의 역량을 높이기 위해 대리점 직원들에게 권장하고 싶은 방법 중 하나가 자신을 가능하면 최대한 많은 환경에 노출하라는 것이다. 이동통신 대리점 직원이라는 배경을 십분 활용하는 것도 도움이 될 것이다. 핸드폰은 전 국민 모두가 사용하지 않는 사람이 거의 없을 정도로 보급률이 100%가 넘는 생활의 필수 재화이다. 그렇기 때문에 핸드폰이라는 주제는 대리점 직원이 언제 어디서든 누구와 만나든 화제로 삼기가 가능한 보편성이 있으며 누군가와 조금이라도 친분이 생기게 되면 '핸드폰을 좀 좋은 가격에 잘 해줄 수 없나?'라는 말을 반드시 듣게 된다. 이러한 업종의 강점을 잘 활용하면 다양한 사람들을 사귈 수 있는 연결고리가 쉽게 형성되지 않을까? 그래서 필자는 요즘도 기회가 있을 때마다 대리점 직원들에게 새로운 사람들과의 만남의 접점을 무조건 넓히라고 강조한다. 조기 축구회, 테니스 모임, 와인 동호회, 영화 카페, 독서 클럽, 봉사 활동, 종교 활동 등 마음만 먹는다면 사람을 만날 수 있는 접점은 사람들의 기호만큼이나 다양하다. 가능한 많은 모임에 참석해보고 자기를 적극적으로 알려보라.

　그러나 이러한 모임 자체를 활용하여 너무 티가 나는 영업을 하라는 얘기는 아니다. 오히려 섣불리 뚜렷하게 상업적인 목적의식을 드러내게 되면 주변 사람들의 경계심과 반감만을 사게 되고 자칫 동호회 활동을 지속할 수 없는 상황에 직면하게 될 수도 있다. 오히려 영업에는 무심한 듯하면서 최대한 자연스럽게 행동하는 것이 필요하다. 중국 속담에도 '사람을 무는 개는 이빨을 드러내지 않고, 사람을 잡아먹는 이리는 짖지 않는다咬人的狗不露齒, 吃人的狼不叫喚'라는 말이 있다. 영업의도를 드러낼수록, 오히려 목적을 앞세운 영업은 잘되지 않을 수 있다는 이야기다. 다양하고 많은 모임에 참석하라는 것은 자연스러운 사람 사귐을 기본으로 하되, 의도는 드러나지 않게 숨겨두라는 이야기다. 그러다 보면 영업 이야기는 자연스럽게 나오게 될 것이다.

교학상장 敎學相長

대리점 매장 직원들이 매장에서 가장 오랜 시간을 함께 보내어야 하는 사람은 누굴까? 사장님도 고객님도 아닌 바로 옆에서 함께 일하는 동료이다. 그렇기 때문에 매장 운영의 성패는 직원들 서로 간의 커뮤니케이션이 얼마나 원활하게 되느냐가 중요한 요소로 작용한다. 직원들 서로가 개인과 회사대리점의 발전을 위해 생산적인 고민과 의견을 함께 나누는 것이 필요하다. 서로 간의 스스럼없는 소통을 기반으로 미래를 위한 고민을 함께할 때 더 좋은 아이디어들이 나오고, 그것을 현실화하는 과정을 통해 직원들의 역량도 한층 배가 된다.

예를 들어, 새로운 요금제나 서비스가 출시되면 서로 돌아가면서 담당을 정해 담당자가 먼저 그 내용에 대해 집중적으로 연구하고 나서 고객 상담 시 어떠한 부분에 중점을 두고 세일즈할 것인지를 함께 스터디하는 것이다. 사전 학습을 담당한 직원은 새로 출시된 서비스를 최대한 자세하게 공부한 후 그것을 다른 직원들에게 강의하는 형태로 가르치게 하는 것이다. 이러한 방법은 효과가 크다. 필자의 경험으로도 대리점 직원들에 대해 무언가를 가르친 후 그 내용에 대해 질문과 대답을 하는 과정을 통해 학습한 것들은 '확실하게' 익힐 수 있었다. 미국 신학자 트라이언 에드워즈Tryon Edwards는 '어떤 것을 완전히 알려거든 그것을 다른 사람에게 가르쳐라'라는 말을 하기도 했다. 가르침과 배움을 서로 반복함으로써 다 같이 성장할 수 있는 것이다. 바로 교학상장敎學上長이다. 이렇게 직원들이 서로에게 긍정적인 영향을 받으며 직무 역량을 높일 수 있도록 환경을 만들어주는 것도 사장과 점장 등 리더의 중요한 역할일 것이다.

교학상장의 연장선상에서 필자가 직원들에게 틈만 나면 강조했던 것이 바로 역할 놀이였다. 직원들 각자가 고객과 판매 직원의 역할을 바꾸어가며 실제처럼 판매 상담 연기를 해보는 것이다. 단, 장난처럼 건성으로 하는 것이 아니라 서로가 진정성을 갖고 정말 진지하게 역할에 몰입해야 한다. 서로가 진상 고객의 역할도 해보면서 고객의 입장을 다시 한 번 생각해볼 수 있고 상담 시 나타나는 동료 직원의 장단점도 얘기해줄 수 있다. 실제로 직원들이 고객의 입장이 되어서 상대를 관찰하면 평소 매장 동료로서 인식하지 못했던 것들에 대한 재발견으로 서로 놀라는 경우도 많다고 한다. 상담 시 습관적으로 반복하는 불필요한 언어습관이나 몸짓, 어색한 표정 등 고객을 상대하는 본인은 잘 모르는 문제점들을 발견할 수 있다. 이렇게 발견된 직원들의 약점들을 집중적으로 트레이닝하면 판매 상담 실력을 확실히 개선할 수 있다. 또한 고객의 입장이 되어보면 판매자 입장에서 미처 생각하지 못했던 여러 가지 궁금증과 불만들이 나올 수 있다. 이에 대한 대답과 설득 논리들을 잘 정리해서 준비하면, 실제로 까다로운 고객을 만나게 되더라도 충분히 현장에서 활용 가능한 훌륭한 상담 사례집이 될 수 있다. 이렇듯 역할 놀이를 잘하면 서로가 서로에게 우수한 학생이면서도 훌륭한 스승이 되는 것이다. 끊임없이 서로 가르치고 배워서 함께 성장하자. 삶이란 따지고 보면 배움의 연속이 아닌가?

모바일 이야기
하나더

하이브리드 매장 이야기

지금까지 이동통신 시장에서 전통적인 유통망 유형이라고 할 수 있는 대리점과 판매점에 대해 이야기했다. 그런데 앞으로 유통망의 모습은 업종 영역의 담을 허물고 다양한 모습으로 나타날 것으로 예상된다. 햄버거 매장과 아이스크림 매장이 한곳에 입점하는 형태의 유사한 업종 간의 결합뿐만 아니라, 자동차 매장과 커피 전문점이 나란히 연결된 이종 업종 간의 하이브리드 매장도 만날 수 있다. 김난도 교수의 『트렌드 코리아 2014』에서는 이러한 현상을 하이브리드 패치워크Hybrid Patchworks라고 설명한다. 이는 서로 다른 사업 영역을 마치 헝겊 조각을 잇대어 만드는 것처럼 재조합하고 융합하여 시너지 효과를 창출하는 활동이다.

다음은 핸드폰 대리점 TWORLD과 커피 전문점을 서로 잇대어 만든 하이브리드 매장이다. 핸드폰을 구매하러 온 고객은 상담을 받거나 개통을 기다리면서 따뜻한 고급 커피 한 잔을 마실 수 있다. 어떤 고객은 커피 한 잔을 마시러 왔다가 시간 여유가 있으면 핸드폰 상담도 같은 곳에서 편리하게 받을 수 있다. 방문 고객을 대상으로 핸드폰과 커피의 교차 프로모션도 물론 가능하다. 이종 업종끼리의 결합이 고객에 대한 새로운 가치를 만들어내는 것이다.

상상력을 발휘해본다면 핸드폰 매장과 더 다양한 업종 간의 결합들이 가능하지 않을까? 미용 상품에 관심이 많은 20~30대 여성 고객을 주요

타깃으로 한다면 화장품 매장과의 결합도 가능하지 않을까? 요즘 고객들
은 핸드폰으로 사진을 많이 찍으니까 핸드폰 매장 안에 사진을 즉석으로
인화해주는 포토 서비스존을 만들면 어떨까? 이러한 시도들이 실제로 현
실화되고 있고 앞으로 유통과 상품의 융합은 더욱 다양한 모습으로 나타
날 것으로 보인다.

마케터로 산다는 것

Marketing is not a battle of products,
it's a battle of perception.
마케팅은 제품의 싸움이 아니다. 그것은 인식의 싸움이다.

- 알 리스 & 잭 트라우트 -

ONE
우리 시대의 마케터

이동통신 회사의 마케터? 생소하게 들릴 수도 있다. 마케팅과 관련된 일을 하는 사람일 텐데, 이동통신 회사의 마케터는 무슨 일을 하는 사람일까? 필자가 경험한 마케터 생활에서 느낀 바는 마케터는 '만능'이어야 한다는 것이다. 세스 고딘 Seth Godin 이 '마케터는 새빨간 거짓말쟁이'라고 했다면, 필자는 '이동통신 마케터는 새파란 슈퍼맨'이라고 명명하고 싶다. 이동통신 마케터는 대리점과 관련된 모든 것을 책임져야 하는 사람이기 때문이다.

이동통신 회사에서 마케터란?

마케터 Marketer 란 한마디로 이야기하자면 마케팅 전문가이다. 마케터는 시장 조사, 상품 기획, 판매 관리 등 마케팅과 관련된 다양한 일을 수행한다. 그렇다면 이동통신 회사의 마케터는? 이동통신 회사에 정식으로 입사한 직원이 각 지역 마케팅본부에 소속된 마케팅팀으로 발령을 받게 되면 마케터가 된다. 마케터는 대리점을 통해 발생하는 다양한 분야의 마케팅 활동을 수행하는 사람들이다. 대리점 관리의 종합 예술가라고도 할 수 있다. 기본적으로 대리점 실적 관리를 잘하기 위해서는 숫자에 강해야 하며 업계 정보에도 밝아야 한다. 사장 및 대리점 직원들과도 좋은 관계를 유지하려면 사교성도 있어야 한다. 관련 업계 종사자들과 술자리도 많으니 술도 잘 마시는 것이 도움이 된다. 매장과 상권을 부지런히 돌아다녀야 하니 운전도 잘해야 하고 다리도 튼튼해야 한다. 대리점에 전달해야 할 아이템들이 많으니 그것들을 매장에 들고 가려면 힘도 센 편이 좋다. 일이 잘되게 하려면 유관부서는 물론 사장도 잘 설득해야 하기 때문에 언변도 좋아야 한다. 다른 팀이나 대리점 직원과 체육 활동으로 어울리는 자리도 많기 때문에 운동도 잘하면 좋다. 마케팅팀 리더들은 기본적으로 호승심好勝心이 강하기 때문에 축구든, 족구든 무조건 잘해서 이겨야 사랑받는다.

이렇게만 보면 마케터란 참 고달픈 직업인 것처럼 보인다. 핸드폰은 항상 붙들고 있어야 하며 이리저리 바삐 돌아다녀야 하고 대리점 실적도 챙겨야 하고 술 잘 마셔야 하며 대리점 사람들과도 잘 어울려야 하니…….

그러나 다르게 보면 마케터란 참 좋은 직업이다. 마케터는 대리점을 통해 하나의 회사를 운영하는 데 필요한 업무의 모든 것을 경험해볼 수 있다. 담당 대리점 운영의 전반적인 방향에 대한 전략 및 기획 업무를 도와줄 수 있으며, 판매 활성화를 위한 정책·판촉·홍보 등의 마케팅 활동도 실행할 수 있다. 대리점의 자금운영과 수익구조 분석을 통한 재무 관련 업무도 할 수 있고 대리점 직원들의 교육 활동을 통해 HRD 인력개발와 관련된 업무도 할 수 있다. 신규 매장 개설 활동을 통해서 상권 분석 업무도 해볼 수 있다. 대리점을 매개로 회사원으로서 할 수 있는 거의 모든 업무를 경험할 수 있으니 멋지지 않은가? 여기다 사람 만나는 것을 좋아하고 술자리를 좋아하는 성격이라면 금상첨화다.

그런데 마케터는 기본적으로 대리점의 영업 현장 속으로 뛰어들어 대리점 사람들과 동고동락하며 함께 성장해야 한다는 생각을 가지는 것이 필요하다. 대리점의 모든 업무를 자신의 일처럼 생각해야 하는 것이다. 제3자적, 방관자적인 입장으로는 어느 업무 하나도 제대로 이루어낼 수 없기 때문이다. 대리점이 직면한 문제점들을 자신의 일처럼 함께 고민하고 개선하고 실행해야 한다. 회사의 지원과 혜택 제도가 있으면 정당한 범위 안에서 이를 활용하여 최대한 담당 대리점이 유리한 방향으로 운영하는 것도 필요하다. 그러나 마케터는 기본적으로 회사의 녹祿을 받는 구성원이기 때문에 회사의 결정과 방향을 위해 어렵더라도 대리점을 설득해야 하는 경우도 있다. 때로는 회사와 대리점 쌍방이 조금씩 서로 양보해야 하는 의사결정을 유도해야 하는 경우도 있다.

그렇기 때문에 마케터는 '항심恒心'을 가지는 것이 중요하다. 항심은 흔들리지 않게 자기중심을 잡는 마음이다. 마케터는 회사와 대리점의 중간자 역할을 잘 수행해야 하기 때문에 항심을 유지하는 것이 중요하다. 그러나 항심을 유지하는 것이 예나 지금이나 어렵기는 마찬가지인 모양이다. 맹자는 '재산이 없는 사람이면서도 항심을 가지는 자는 오직 선비뿐_{無恒産而有恒心者 惟士爲能}'이라고 했다. 그렇다 하더라도 선비처럼 높은 수준의 항심을 지향해야만 그것의 반이라도 따라갈 수 있지 않을까?

어느 마케터의 하루

월요일 아침, 새로운 한 주의 시작이다. 월요일 오전에는 주간 회의가 있어서 김 매니저는 일찌감치 출근 준비를 하고 집을 나선다. 월요일은 직장인들이 가장 싫어하는 요일인 데다 아침부터 회의가 있으니 김 매니저의 심리적 부담은 더 크다. 그러나 주간 회의 때에 논의되고 공유되는 내용들이 한 주간 중점적으로 활동해야 하는 사항들이기 때문에 마케터들에게는 월요일 아침 회의가 매우 중요한 시간이다. 마케터들은 담당 분야별로 자료를 사전 준비해서 회의 시간에 공유하는데 자신이 담당하는 지표가 실적이 좋으면 어깨가 으쓱하고 반대로 바닥을 기고 있으면 고개를 푹 숙이고 있어야 하는 상황이다.

초고속 인터넷 실적을 담당하고 있는 김 매니저는 요즘 들어 고민이 많다. 지난달까지 본부 내에서 판매 실적 1위를 줄곧 유지했는데 이번 달 들어서면서부터 실적이 눈에 띄게 감소한 것이다.

'지난달 실적을 많이 했던 곳도 요즘 실적이 신통치 않고, 실적이 적었던 곳들도 덩달아 실적이 더 빠지고 있네. 이번 달은 쉽지 않겠는걸.'

숫자가 곧 실력이고 인격인 마케팅 전장_{戰場}에서 실적 추세가 한 번

꺾이기 시작하면 되돌리기가 쉽지 않다는 것을 누구보다 잘 아는 김 매니저. 그러나 대리점 사장과 총괄 담당에게 아무리 이야기를 해봐도 실적 증대에 대해 뾰족한 수는 없었다.

'마케터별로 판매 실적 자료를 한 번 더 공지하고 전체 회의 시 개선 방안에 대해 토론하도록 해야겠다. 매장별 판매 우수사례를 발굴한 내용에 대해 작성한 것은 이번 회의 시간에 공유해야지. 회의 자료, 실적 자료 만들려고 매번 주말에 나와야 하니 이거 힘들구나 힘들어.'

오전 회의 시간. 지표를 담당하고 있는 각 마케터들의 발표와 공유가 진행되고 있다. 김 매니저의 차례가 오자 역시나 최근 실적 부진에 대한 우려와 걱정들이 쏟아져 나온다. 김 매니저는 담당 대리점 직원들이 초고속 인터넷 실적에 관심을 갖도록 마케터들이 한 번이라도 더 사장을 만나고 매장을 방문하길 요청했다. 마케터별 실적 순위 자료를 공개하여 자존심 경쟁을 부추기기도 했다.

박 팀장은 보다 근본적인 부분에서의 개선의 필요성을 제기했다.

"대리점의 판매 직원들의 역량 자체를 꾸준히 높이도록 해야 합니다. 부족한 부분이 무엇인지 다시 확인해보고, 유통망에 교육이 필요하다면 교육을 시행하고요. 불러모으는 것이 힘들면 직접 찾아가야 합니다. 마케터들도 사무실보다는 현장에 나가서 사장과 총괄을 많이 만나고 이야기를 들어보세요. 개별 거래처를 통해 판매할 수 있는 방법들이 더 있을 겁니다. 제가 필요하면 저랑 같이 가는 것도 좋습니다."

김 매니저는 얼른 팀장 말을 받아 이슈를 마무리했다.

"네, 팀장님. 말씀하신 초고속 인터넷 실적 개선 활동들의 진행상황을 매일 챙기면서 보고 드리겠습니다."

오전에 지표 관련 업무를 마무리한 김 매니저는 오후에는 담당하고 있는 대리점 중 주력 대리점인 S 대리점을 방문하기로 했다. 한 달에 1,500건 이상 핸드폰 판매 실적을 하는 중대형급 대리점이나 어찌 된 셈인지 초고속 인터넷은 한 달에 30건도 유치하기가 힘든 상황이다.

"사장님, 매장 직원들에게 초고속 인터넷에 대한 관심이 더 필요합니다. 요즘 시장이 핸드폰과 초고속 인터넷의 결합 판매가 대세인데요, 판매 직원들이 확실히 연습해서 자신감을 갖고 판매하도록 해야 합니다. 직원들이 이것을 자신 있게 판매할 수 있어야 영업도 더 잘되고 매장의 경쟁력도 점점 더 좋아질 겁니다."

김 매니저의 독려에 나이 지긋한 S 대리점 신 사장도 안타까운 마음이다.

"난들 왜 안 하고 싶겠나? 우리 직원들 판매 교육도 한 번 더 해주면 고맙겠네. 그런데 직원들 교육도 교육이지만, 시장 상황 자체가 녹록지가 않아요. 나도 답답해 죽겠어. 우리 대리점들이 오피스 상권에 있다 보니 사무실에는 공사할 때부터 이미 인터넷이 다 들어와 있어서 주거 상권의 경우와는 상황이 많이 달라요. 수요가 없으니 판매 실적이 안 나오네 그려. 무슨 좋은 방법이 없을까?"

김 매니저와 신 사장은 상품의 홍보방법, 직원 교육방법 등에 대해 머리를 맞대고 한참 동안 얘기를 나눈다. 대리점 사장과 마케터 사이에 항상 좋은 일만 있으면 참 좋겠지만, 현실에서야 어디 그리할 수 있겠는가. 서로 고마울 때도 있지만, 서로 미안할 때도 있고 서로 서운할 때도 있다. 그렇지만 서로는 다독거리며 상생의 길을 함께 걸어가야 할 파트너인 것이다.

어느덧 저녁 시간이 다 되었다.

"저녁이나 같이 하고 가지?"

사장이 저녁을 권했으나 신 사장과 함께 저녁을 먹으면 꼭 반주를 하게 되고, 그러면 저녁 자리가 술자리가 되어 길어질 게 뻔하다.

"말씀 고맙지만, 오늘은 사무실 빨리 복귀해서 자료 만들어야 할 게 있어서요."

김 매니저는 사무실 근처로 돌아와서 간단한 저녁을 먹고 다시 사무실에 들어가서 내일 P 대리점 교육을 위한 자료를 만들고 있다. 시계는 벌써 밤 10시를 가리킨다.

"자료 만들고 늦게 퇴근하는 건 좋다 이거야. 제발 실적만 나와줘라. 많이 팔아야 대리점 사장도 벌고, 매장 직원도 월급 받고, 나도 살고, 회사도 사는 거잖아. 다 같이 잘 살아보자."

뼛속까지 마케터인 김 매니저였다.

TWO

최고의 마케터

필자는 다년간 마케팅팀 현장에서 근무하면서 다양한 유형의 마케터들을 만나왔다. 자타가 공인하는 최고의 마케터도 있었고, 모든 면에서 두루두루 여러 방면에서 조금씩 잘하는 마케터도 있었으며, 다른 것은 몰라도 한 가지 특기만은 확실한 마케터도 있었다. 여기서는 대리점에 대한 영업관리 측면에서 최고의 마케터에 대해 이야기하고자 한다.

최고의 마케터라고 해도 모든 점에서 배울 것이 있는 것도 아니었고 최악의 마케터라고 해도 배울 점이 전혀 없는 것도 아니었다. 그리고 필자의 기억 속에 뚜렷하게 남아 있는 마케터가 있다면 그는 스스로 차별화를 통해 나름의 확실한 포지셔닝을 잘한 것이다. 최고의 마케터란 결국 자신의 강점을 잘 활용하여 성과를 창출하는 사람인 것이다.

관계지향형

　박 매니저는 관계지향형 마케터의 전형이다. 마케팅의 시작은 대리점 사람들과 편안하고 자연스럽게 어울려서 좋은 관계를 맺는 것에서부터 출발한다. 박 매니저는 일단 외모부터가 관계지향적이다. 얼굴형이 동글동글한 호인형인 데다 체격이 듬직하고 몸에는 살집이 적당하다. 머리와 얼굴이 동글동글하며 코와 입이 후덕하여 관상학적으로 봐서도 전체적으로 오행五行의 상象 중 토형土型에 해당하는 상이다. '토'는 '목화토금수' 오행의 중간자 또는 중재자 역할을 하는 격인데, 실제 성격 역시 외모와 비슷하여 대리점 사장, 총괄, 직원 모두에게 인정스럽게 대하기 때문에 박 매니저를 나쁘게 말하는 사람이 없다. 박 매니저는 이른바 '인자무적仁者無敵'의 성격과 외모를 가지고 있다.

　다른 직업도 마찬가지겠지만, 특히 마케터는 일은 기본이고 평판이 중요하기 때문에 대리점과 좋은 관계를 형성하고 유지할 수 있는 능력은 중요한 경쟁력 중 하나다. 박 매니저는 대리점 사람들의 얘기를 잘 들어주며, 사장은 물론 직원들의 기념일도 잊지 않고 작은 선물이라도 준비한다. 또한 아무리 피곤해도 대리점 회식 자리에는 빠지지 않고 참석한다. 그리고 판매 실적에 도움이 되는 포스터, 현수막, 리플릿 등 사소한 것이라도 조금이라도 더 챙기려고 노력한다.

　또한 정기적으로 퇴근 후 대리점 직원들과도 술잔을 기울이며 영업과 인생에 대해 이런저런 얘기를 나누고 직원들의 고민상담까지 해준다. 사람에 대한 관심과 애정이 없다면 쉽지 않은 일이다. 대리점 사장

입장에서는 대리점 직원의 의욕 관리까지 마케터가 신경 써주니 얼마나 고마운가? 이렇게 대리점과의 관계에서 성심을 다하기 때문에 대리점 직원들은 담당 마케터의 얼굴을 봐서라도 좀 더 열심히 영업하려고 노력하는 것이다. 박 매니저를 보면 항상 『논어論語』「안연顔淵」편의 한 구절이 생각난다. 공자의 제자 번지樊遲가 인仁에 대해 여쭈어보자 공자가 '사람을 사랑하는 것'이라고 답하는 내용이 있다樊遲問仁 子曰愛人. 박 매니저는 마케터의 자리에서 나름의 인을 실천하고 있는 것은 아닐까?

실적지향형

조 매니저는 실적제일주의다. 영업과 마케팅은 무조건 숫자가 결과로 나타나야 하며 그 결과에 따라 성과를 평가받고 보상이 이루어져야 한다는 데 확고한 신념을 가지고 있다. 좋은 결과를 만들기 위해서는 마케터가 동분서주해야 함은 물론이다. 마케터가 놀고 있는데 담당 대리점에서 실적이 알아서 나오기를 바라는 것은 언감생심焉敢生心이다.

조 매니저는 실적을 내기 위해 열심히 발로 뛰는 마케터이다. 특히 대리점의 판매 실적 증대를 위해서는 매장을 추가로 확보하는 것이 가장 확실한 방법이라고 생각하기 때문에 신규 매장 오픈을 위한 활동에 신경을 많이 쓴다. 담당 상권 내 부동산 정보도 수시로 파악하고 매장 후보 지역에 방문하여 통신 매장 환경에 적합한지 직접 눈으로 확인한다. 조 매니저는 새로운 매장 확대를 위해 부단히 노력하며 혹시라도 다른 마케터 담당 대리점에서 신규 매장을 오픈하면 몹시 부러운 눈으로 바라본다. 마케터는 담당 대리점의 매장 신설 품의서를 작성할 때는 신이 나지만, 반대로 담당 대리점이 매장 운영에 실패하여 매장 폐쇄 품의서를 작성할 때는 문서를 작성하는 손가락부터 힘이 빠지는 게 사실이다. 조 매니저는 '마케터에게 있어 담당 대리점이 신규 매장을 낼 때보다 행복한 순간은 없다'는 어록을 남기기도 했다.

 한 주 동안 바쁜 일상을 보내고 모두가 편히 쉬고 싶은 주말 휴일. 시장 환경이 바쁘게 돌아가면 휴일에도 근무를 해야 하는 상황이 생기기도 하지만, 특별한 사정이 없으면 휴무하는 것이 보통이다. 그러나 조 매니저는 휴일에도 특별한 일이 없으면 오전에 집에서 쉬다가 오후에는 담당 대리점 매장에 나가본다. 어떤 날은 오전에 등산했다가 집으로 돌아오는 길에 대리점 매장에 들러보기도 한다. 매장에 앉아 있으면서 매장 직원들이 고객응대와 판매상담을 어떤 식으로 하는지 지켜보기도 한다. 판매 직원들이 제대로 응대를 못 한다 싶으면 고객이 가고 난 후 상담 방식에 대해 조언을 해준다. 물론 매장 직원들이 상담을 잘했다고 생각되면 그 자리에서 칭찬을 해주기 때문에 직원들도 조 매니저의 훈수에 대해 큰 거부감은 없다. 어찌 되었든 애정을 가지고 서로가 잘되기 위한 '쓸데 있는' 참견을 해주는 형님이기 때문에 그렇다. 조 매니저는 매장을 두루 다니면서 여기저기서 수집한 정보와 판매가 잘되는 매장에 방문하여 보고 들은 것을 정리한 기록을 담당 대리점 사장과 매장 직원에게 알려준다. 이러한 내용이 영업에 큰 도움이 됨은 물론이다. 조 매니저의 실적은 그냥 만들어지는 게 아니었던 것이다.

데이터 분석형

이 매니저는 데이터를 기반으로 한 분석 마케팅의 진수를 보여준다. 특히 엑셀 프로그램을 능숙하게 사용할 수 있는 실력이 데이터 활용 마케팅의 기본이 된다. 이 매니저는 담당 대리점의 판매 실적, 핸드폰 재고, 매장별 수익성, 재무구조 분석 등 대리점 운영에 관련된 거의 모든 사항에 대해 수치와 데이터를 분석한 결과를 알기 쉽게 직관적으로 보여준다. 대리점 실적의 과거와 현재의 추세뿐만 아니라 비슷한 규모로 운영되는 대리점 간의 실적 자료를 비교 분석해보임으로써 현재 담당 대리점의 위치를 입체적으로 파악할 수 있도록 해준다. 이처럼 객관적인 수치를 기반으로 면밀한 현상 파악을 통해 향후 마케팅 운영 방향성을 체계적이고 논리적으로 도출해낼 수 있는 것이다. 이러한 정량적인 근거가 없이 대리점에 그저 '판매 실적을 많이 올립시다', '단말기 재고를 더 받읍시다'라고 커뮤니케이션하는 것과는 실질적인 결과에서 큰 차이가 있다.

면밀한 데이터 분석을 근거로 대리점의 방향성을 설득하므로 대리점이 이 매니저의 의견을 수용할 가능성이 크다. 따라서 대리점의 의사결정이 신속하게 이루어지고 일이 쉽게 진행되는 것이다. 이 매니저는 대리점의 자료 분석에 대한 요청이 있으면 본연의 업무가 끝난 뒤에도 시간을 더 들여서라도 자료를 만들어놓는다. 예를 들면, 담당 대리점으로부터 핸드폰 기종별 분석, 특정 서비스에 대한 분석, 재고관리에 대한 분석 등에 대한 요청이 있을 시 야근을 해서라도 신속하게 분석 자료를 작성하고 지원해줌으로써 대리점으로부터 두터운 신임을 얻고 있는 것이다. 이 매니저의 다소 어눌한 말투가 핸디캡이 될 수 있음에도 불구하고 데이터 분석 능력의 강점을 극대화함으로써 부족한 부분을 훌륭하게 상쇄하고도 남음이 있다.

달변가형

김 매니저의 강력한 경쟁력은 화술이다. 대리점과의 원활한 의사소통 및 신속한 의사결정을 이끌어내는 데는 김 매니저의 능변이 한몫을 한다. 상대가 의사결정을 못하고 있을 때 현상을 명확하게 보이도록 해서 확신을 주는 화술. 이것이 바로 일이 되게끔 만드는 경쟁력인 것이다. 말을 잘한다는 주변의 인식 때문인지 대리점 행사나 회의가 있을 때면 사회자로 자주 초청받기도 한다.

김 매니저는 화려한 언변만 쏟아내는 것이 아니라 가끔은 침묵으로 상대를 압도하기도 한다. 대리점 판매 직원의 업무 실수가 있는 경우 오히려 말을 아낌으로써 상대가 스스로 문제해결에 최선을 다하도록 만들기도 한다.

"사람들이 저보고 말이 청산유수라고 하는데, 저는 제가 말을 잘하는 사람이라고는 생각하지 않습니다. 다만 그때의 환경과 상대방의 상황에 따라 내가 할 수 있는 가장 적합한 말과 행동이 무엇일까라는 고민은 많이 하는 편이죠. 하지만 때로는 백百 마디 말보다 무無 마디 침묵이 더 효과가 클 때도 있습니다."

이동통신 기술이 좋아진 요즘 대리점과 소통하는 방법도 다양하다. 어떤 마케터는 핸드폰을 붙잡고 상대방과 음성으로 직접 통화하는 전통적인 방식을 좋아하기도 하고 어떤 마케터는 SMS나 메일로 문자화된 내용을 주고받는 것을 선호하기도 한다. 또 다른 마케터는 인터넷 메신저를 중심으로 의사소통을 하기도 한다. 김 매니저가 가장 즐겨 쓰는 방식은 모바일 기반의 SNS 메신저를 통한 그룹 채팅이다. 달변達辯이 달필達筆로 모습을 바꾸는 순간이다.

"긴급하거나 음성이 필요할 때는 핸드폰 통화를 하기도 합니다. 그러나 저는 대부분의 소통은 모바일 메신저를 통해서 하지요. 대리점 사장, 총괄, 직원들이 함께 참여하는 채팅방에서 업무에 필요한 다양한 정보를 공유할 수 있어요. 또한 장소 이동이 빈번한 저의 업무적인 특성으로 인해 실시간으로 핸드폰에서 내용을 확인할 수 있는 것도 좋고요. 그래서 저는 모바일 메신저 방식을 선호합니다."

김 매니저가 화술에서 남다른 경쟁력을 지속적으로 가질 수 있도록 만드는 또 다른 원천은 독서에 있었다. 커뮤니케이션에 포함된 콘텐츠가 얼마나 풍부한지, 그것이 주장하는 바에 대한 논거로 얼마나 적절하게 활용되는지가 능변을 결정하는 중요한 요소인 것이다. 김 매니저의 취미는 다소 바람직하고도 모범적이게도 다름아닌 독서였다. 경제, 경영, 문화, 예술, IT, 역사, 철학 등 다양한 분야에 대한 광범위한 독서는 김 매니저의 말에 다양하고 풍부한 레퍼토리를 제공해주고 수준 높은 대화의 성찬에 신선한 재료를 공급해주고 있었다. CNN의 명사회자였던 래리 킹Larry King은 그의 저서 『대화의 법칙』에서 최고의 화자話者들이 가지고 있는 공통점 중에 첫 번째를 '새로운 시각을 가지고 사물을 다른 관점에서 바라보는 능력'이라고 꼽고 있다. 그러한 능력을 키우기 위해서는 단연 다양한 분야에 대한 독서가 최선의 방법이리라.

"일단 1천 권 독파라는 독서목표부터 달성하려고 합니다. 필생의 목표로는 1만 권 읽기입니다."

김 매니저의 말이다. 1천 권이라면 어느 정도로 독서를 해야 도달 가능한 수준일까? 하루에 1권씩 3년 정도를 꼬박 읽어야 1천 권을 읽을 수 있고, 30년 정도의 세월을 매일 독서와 함께해야 1만 권을 달성할 수 있다. 참고로 2013년 문화체육관광부에서 조사한 우리나라 성인[만 18세 이상]의 연평균 독서량은 10권이 채 되지 않은 것으로 나타났다. 오늘도 독서를 통해서 삶에 새로운 콘텐츠를 채워 넣는 김 매니저. 어떤 의미에서는 그가 진정한 부자가 아닌가 하는 생각을 해본다.

THREE
마케터의 조건

여기서는 회사에서 조직생활을 하는 직업인으로서 마케터에 대해서 이야기하고자 한다. 사람이 모인 곳이면 어느 조직에서든 낭중지추囊中之錐의 '송곳'과 같이 뛰어난 인물이 있으면, 군계일학群鷄一鶴의 '닭'과 같이 평범한 존재도 있기 마련이다. 조직의 구성원으로서 기왕 일을 한다면 회사의 발전에 기여하고 인정받는 게 좋을 것이다. 여기서는 필자가 10여 년간 회사생활을 하면서 느꼈던 마케터로서 필요한 조건 대해 이야기하고자 한다. 여기에 서술된 마케터의 조건들은 대리점 관리 업무를 수행하는 직업인으로서뿐만 아니라 어떤 유형의 일을 하든 조직 생활을 하는 직장인이라면 한번쯤 되새겨볼 만한 가치들이다.

선수필승先手必勝 : 먼저 나서는 적극성

스승에게라도 반드시 선先으로 싸우면,
아마 백전백승할 것이다.

일본 바둑의 명인 이노우에 인세끼井上因碩의 말이다. 게임이든 전쟁이
든 선수先手가 중요하다. 선수를 치면 무조건 유리하다. 그렇기 때문에
서로 선수를 잡기 위해 치열한 기싸움을 벌이기도 한다. 우리에게도 잘
알려진 홍콩 배우 여명黎明이 유방劉邦으로 나오는 영화 「초한지: 천하대
전」에서 유방의 책사 장량張良과 항우項羽의 책사 범증范增이 홍문연鴻門宴
에서 바둑 대결을 펼치는 장면이 나온다. 서로 선을 잡기 위해 두 책사
가 갖가지 논리를 끌어대는데 결국 유방쪽 장수 번쾌樊噲가 손가락 하나
까지 희생하면서 장량이 선을 잡게된다.

물론 이기기 위해서는 어설픈 선수가 아니라 제대로 된 공격이어야
한다. 선수필승이 제일 필요할 때는 상사에게 보고할 때다. 상사가 이
전에 지시했던 사항에 대해 다시 찾고 물어보기 전에 먼저 보고를 하
는 것이다. 상사가 찾기 전에 진행사항을 앞서 알림으로써 '이 사안을
계속 챙기고 있으니 걱정하지 마십시오'라는 메시지를 보내고 나머지
일을 내가 주도할 수 있게 된다. 대리점 관리 업무를 할 때도 마찬가지
이다. 업무에 관련된 정보를 대리점에 먼저 알려주고 먼저 챙겨야 일의
주도권을 잡을 수 있다.

새로운 일이 주어질 때도 선수필승 전략은 유효하다. 부서장이 누구

에게 새로운 일을 시킬까 고민하는 상황이라면 먼저 손들고 나서라. 일단 적극적으로 나서는 모습에서 점수를 따고 그 일을 맡게 됨으로써 업무에 대한 불확실성이 해소되며 다른 알 수 없는 일이 또 주어지는 것에 대한 불안도 사라진다. 그리고 이러한 적극성을 여러 번 보이면 '저 사람은 일을 적극적으로 하는 사람'이라는 주변의 인식이 확고히 되어 앞으로 일하기도 편해진다. 먼저 나섰는데 일이 잘 안 되면 어떡하느냐는 걱정도 접어두길 바란다. 혼자서 알아서 다 잘 처리하면 베스트겠지만 일의 성격에 따라 변수가 생기고 다른 사람의 도움이 필요한 상황이 올 수도 있다. 그럴 때는 부서장에게 미리 알리면 알아서 업무 조정을 해줄 것이다. 그러므로 가장 중요한 것은 적극적인 자세이다. '일'은 다른 사람이 나누어질 수 있지만 '자세'는 그렇게 해줄 수가 없는 것이다.

새로운 일이 아닌 기존 업무를 맡아 진행하고 있을 때도 마찬가지다. 카운터 파트너가 다른 부서 사람일 수도 있고, 협력 업체일 수도 있고, 대리점 사람일 수도 있다. 업무에 대한 내용을 자신이 먼저 물어보고 먼저 알려주고 먼저 챙겨야 한다. 그러면 업무에 대한 주도권을 자신이 가지고 갈 수 있다. 카운터 파트너의 상황에 따라 내 업무 일정도 계획성 있게 조정할 수 있다. 자신이 먼저 챙기지 않으면 종종 업무가 카운터 파트너의 스타일에 의해 낭패를 보게 되는 경우도 발생하게 된다.

예를 들어, 여러 업무에 대해 협의하고 그중 A라는 업무에 대해서도 기한 내에 진행하기로 카운터 파트너와 협의가 끝났다. 그런데 A 업무는 나에게는 중요하지만, 상대방에게는 우선순위로 따지면 별로 중요하지 않은 항목일 수 있다. 다른 업무로 바쁘게 보내다가 A 업무의 마감 기한이 임박해도 업무 결과에 대한 이야기가 없어서 카운터 파트너에게 확인해보면 "어? A업무는 아무 말씀이 없으셔서 천천히 해도 되는 건인 줄 알았는데요." 하는 당혹스러운 대답만을 듣게 되는 경우가 있다. 이러한 당황스러움을 피하기 위해서라도 업무 관계에서 진행 상황을 이쪽에서 먼저 챙기는 것이 무조건 유리한 것이다.

지금까지 적극적으로 먼저 나서는 것의 중요성에 대해서 강조했다. 하지만 이는 모든 상황에서 덮어놓고 선수를 치라는 뜻은 아니다. 때로는 실질적인 실행이 한 템포 늦어지더라도 전체적인 상황을 조망하며 가장 빠른 길을 탐색하는 것도 필요하다. 『손자병법』의 「군쟁軍爭」편에는 '적보다 늦게 출발해도 적보다 빨리 이르는 법, 우직의 계後人發, 先人至, 此知迂直之計者也'를 설명하고 있다. 한시가 급한 전쟁에서 목적지까지 느리게 돌아가는 것은 어리석어 보이지만 그것이 적을 유인하여, 결국은 전쟁에서 이기는 길에 빨리 이르는 전략이 될 수 있음을 설파하고 있다.

조직 생활에서는 '우직의 계'가 어떻게 나타날까? 실제로 자신이 잘 알지 못하는 안건에 대해 토의할 때에는 자신의 의견을 먼저 성급하게 드러내는 것보다 다른 사람의 의견을 우선 들어보고 거기에다 발전적으로 자기의 생각을 덧붙여 발언하는 것도 하나의 방법이다. 상사가 특정 사안에 대한 의견을 물었을 때에도 즉답을 하기보다는 되물어 자신의 생각을 정리하는 시간을 갖고 난 뒤 구체화해서 답변하는 것도 방법이다.

일상생활에서도 마찬가지다. 당장 급하지 않아 보이는 사안일지라도 언젠가 필요하다는 판단이 들면 티가 나지 않게 준비했다가 적절한 시점에 세상에 드러내는 것이다. 예를 들어 책을 집필하겠다는 목표가 있다면 이 목표에 빨리 도달하려면 어떻게 해야할까? 책을 단기간에 빨리 쓰겠다고 휴가를 내거나 주말 내내 PC 앞에 앉아서 자판을 두드려서는 제 풀에 금방 지쳐서 책의 출간이라는 목적지가 더욱 요원해진다. 기상 후, 퇴근 후, 취침 전과 같은 자투리 시간에 조금씩 써내려 가는 것이 천천히 멀리 돌아가는 것 같지만 결국 목적지에는 빨리 도달하는 방법인 것이다. 결론적으로 매사에 어떤 일을 항상 먼저 하고자 하는 적극성을 가지되 조급해지지는 말라는 것이다.

화이부동 和而不同 : 나를 지키며 세상과 어울림

> 子曰 '君子 和而不同, 小人 同而不和'
> 공자가 말하기를 '군자는 화이부동하고 소인은 동이불화'라.

『논어』의 「자로子路」편에 나오는 말로서 군자는 다른 사람과 조화롭게 어울리지만 뇌동하지 않고 소인은 같은 생각을 하고 있는 것처럼 보이나 실상은 조화롭지 못함을 나타내는 말이다. 화이부동의 가치는 회사에 몸담고 있는 다른 조직 구성원들도 마찬가지이겠지만 마케터에게는 더욱 중요한 가치다. 일단 사람을 많이 만나고 어울리는 것이 업무상 큰 부분을 차지하고 있기 때문이다. 따라서 혼자서 일하기를 좋아하거나 원래부터 매사가 정靜적인 스타일의 마케터는 마케팅의 떠들

썩한 분위기가 힘들게 느껴질 수도 있다.

사람들과 잘 어울리기 위해서는 음주가무飮酒歌舞 뿐만 아니라 축구, 당구 등 스포츠에도 능하고 성격도 털털하면 좋다. 천성적으로 이러한 것들을 좋아하고 잘하는 사람들이 있다. 그렇다면 그 사람은 마케터가 적성에 딱 맞는 사람으로 직업 선택을 잘한 것이라고 할 수 있다. 그러나 다른 사람과 어울리는 것이 부담스러우며, 술자리가 힘들고, 할 줄 아는 운동도 없는 사람은 점점 사람들과 함께하는 자리를 피하게 된다. 그러다 보면 업무를 진행하는 것도 점점 원활하지 않게 되는 악순환에 빠진다. 따라서 이런 힘든 상황을 겪고 있는 마케터일수록 『논어』의 화이부동의 가르침을 마음속에 잘 담아두는 것이 필요하다. 주변과 조화롭게 어울리는 노력을 진정성 있게 하되 나의 주관과 가치를 견지하는 것. 비록 다른 사람이 알아주지 않는다 하더라도 나의 중심을 잃지 않고 묵묵히 나아가겠다는 정신이 필요한 것이다.

이러한 마음가짐 없이 다른 사람들과 어울리는 것 자체에 급급하다 보면, 이리저리 휩쓸려서 결국 '나는 누구? 또 여긴 어디?' 하는 회의懷疑만 남게 될 것이다. 그렇다고 해서 다른 사람들과 어울림 없이 내 주관대로만 생활하는 것도 고립을 자초하는 지름길일 것이다. 비상한 재주를 가졌음에도 불구하고 남들과 어울리지 않고 자신의 주관에 따라 하고 싶은 대로만 해서 비극적 결말을 맞이한 대표적인 사례가 『삼국지』에 나오는 예형禰衡과 같은 인물이다.

예형에 대한 이야기를 잠깐 소개하자면, 예형은 『삼국지』를 통틀어 가장 특이한 인물 중 하나였는데, 문일지십聞一知十으로 재주가 특출했다고 한다. 공융孔融의 추천으로 조조曹操에게 등용되었으나 주변과 조화롭게 어울리지 못하고 심지어 오만과 독설로 조조를 능멸했다. 화가 난 조조가 예형을 유표劉表에게 보냈으나 거기서도 어울리지 못했으며 결국 황조黃祖에게로 보내졌는데 그곳에서도 황조에게 주관대로 자유롭게 독설을 하다가 미움을 받고 죽임을 당해 20대의 짧은 생을 마감하게 된다. 결국 나를 지킨다는 것도 세상과의 어울림 속에서 이루어지는 것이다. 그러나 아무리 생각해도 주변과 화이부동하기가 힘들다고 생각하는 사람이 있다면 과감하게 환경을 바꾸어보는 것도 좋은 방법이다. 자신의 진정한 가치를 알아보는 환경으로 말이다. 그런 사람이 있다면 한신의 이야기로 격려해주고 싶다. 『초한지』의 한신韓信은 초나라 항우項羽의 진영에 있을 때에는 주변과 어울리지 못하고 하찮은 창잡이 벼슬에 불과한 집극랑執戟郎이었다. 그러나 후에 한나라 유방劉邦의 휘하로 갔을 때에는 주변에서 한신의 재능을 높이 평가하였고 대원수에 임명되어 공을 세워 제나라의 왕까지 지위가 높아진다.

주향불파酒香不怕 : 두려움 없는 내공의 힘

본문의 제목을 네 글자로 표현하기 위해 주향불파酒香不怕라고 표기했으나 원문은 '주향불파항자심酒香不怕巷子深'이다. 이는 중국 속담으로 '술 향기는 골목의 깊이를 두려워하지 않는다'라는 뜻이다. 쉽게 말해서 음식 맛이 확실하게 뛰어난 가게라면 비록 골목 깊숙이 위치해 있더라도 손님들이 꽃향기를 맡고 찾아오는 나비처럼 반드시 찾아오게 되어 있다는 말이다. 입소문 난 맛집은 가게의 위치가 찾아오기 불편한 곳에 있더라도 고객의 발길이 끊이지 않기 마련이다. 즉, 본인만의 실력과 경쟁력을 갈고닦으면 결국 내공이 쌓이고 이는 굳이 인위적으로 밖으로 드러내지 않더라도 때가 되면 자연히 주변에서 인정해주게 된다는 이야기다.

『삼국지』에서 최고의 천재 지략가로 손꼽히는 제갈량諸葛亮을 군사軍師로 등용하기 위해 융중隆中으로 세 번이나 찾아간 유비 삼형제의 고사를 삼고초려三顧草廬라고만 알고 있지만 사실 이 고사의 이면에는 주향불파항자심의 원리가 내포되어 있는 것이다. 제갈량은 유비가 있던 신야新野에서 멀리 떨어진 융중의 산속 허름한 초가집에 숨어 지내면서도 내공을 꾸준히 쌓았으며 이러한 내공은 향기가 되어 유비의 참모였던 서서徐庶의 추천을 이끌어내고 결국 유비가 세 번이나 스스로 찾아오게끔 만든 것이다.

그렇다면 내공은 어떻게 쌓아야 할까? 직장인으로서 최우선은 업무를 통해 실력을 쌓음으로써 자신의 내공을 단련하는 것이다. 내공 단련에 왕도는 없다. 현재 몸담고 있는 부서에서 가능한 한 많은 일들을 자신의 영역으로 끌어들이고 온몸으로 부딪혀야 한다. 초반에 넘어지고 깨지는 시간이 빠를수록 좋다. 초반에 집약적인 업무를 통해 내공을 쌓지 않으면 나중에 계속 깨지게 된다.

두 번째는 사람들을 많이 만나는 것이다. 자신의 업무와 관련 있는 사람뿐만 아니라 다양한 분야에서 일하는 사람을 만남으로써 시야를 확장해야 한다. 마케터는 마음만 먹으면 얼마든지 사람을 만날 수 있는 기회가 있다. 담당이 아닌 대리점 사장도 만나고 판매점 사장도 만나고 경쟁사 대리점 사장도 만나보는 것이다. 그러나 처음에는 주로 회사 사람들이 중심이 되는 것이 좋다. 현재 회사가 돌아가는 사정이나 다른 사업부에서 고민하고 있는 이슈 등을 점심시간 등을 활용해서 공유하는 것이다. 안면이 있는 사람을 많이 만들어놓으면 그쪽 분야에 관련된 자료가 필요한 경우나 업무 협조를 받아야 하는 상황이 생겼을 때 일이 훨씬 빠르고 쉬워진다.

　마지막으로 꼭 강조하고 싶은 활동은 독서다. 또 독서 이야기다. 이쯤되면 잔소리 같지만 그만큼 독서가 절박하게 중요하다는 것을 강조하고 싶다. 바쁜 직장인이어서 책 읽을 시간도 많지 않겠지만 역설적으로 직장인의 내공을 쌓는 가장 확실하고도 효율적인 방법은 독서를 통한 역량 계발이다. 책을 항상 가까이 두고 좋은 내용이 있으면 반드시 필사해서 내 것으로 만들어 글을 쓸 때나 대화할 때 활용해보자.

　『리딩으로 리드하라』의 저자 이지성은 이 책에서 일상생활에 독서의 중요성을 설파하고 있는데 특히 인문 고전에 대한 집중적인 독서 투자를 강조한다. 세계 최고로 알려진 기업가, 정치가, 투자가 등 수많은 유명인들의 성공 비결은 바로 인문 고전에 대한 집중적인 독서에 있었다는 것이다. 인문 고전은 수 세기 동안의 검증에도 살아남아 전해지는 천재적 사고의 정수精髓이며, 집중적인 독서를 통해 이러한 가르침을 자기 것으로 체화하고 실천하는 것이 범인凡人이 성공에 이를 수 있는 가장 빠른 길일지도 모른다. 사실 기술 문명의 발전으로 일상의 모습들이 정신없이 변화하고 있는 요즘이 그 어느 때보다 더욱 인문학적 상상력과 통찰이 필요한 시대인 것 같다.

증자[8]살체曾子殺彘 : 감동을 주는 진정성

『한비자韓非子』에 다음과 같은 이야기가 전한다.

> 증자의 아내가 시장에 가는데, 아들이 울면서 따라왔다. 아내가 아이를 달래려고 '돌아가면 너를 위해 돼지를 잡아주겠다'라고 했다. 아내가 시장에서 돌아오자 증자가 돼지를 잡아 죽이려고 했다. 아내가 말리면서 어린애와 농담했을 뿐이라고 하자 증자는 '어린아이는 농담으로 받아들인 것이 아니오. 어린아이는 아는 것이 없고 부모에게 의지해서 가르침을 듣는 것인데 지금 당신은 자식을 속였으니 자식에게 거짓말을 가르친 것이오. 어미가 자식을 속이고 자식은 어미를 믿을 수 없으니 이는 가르침이 될 수 없소'라고 하며 결국 돼지를 삶았다.

증자살체. 증자가 돼지를 죽였다는 뜻인데, 자신의 손실을 감수해서라도 상대에게 공언한 말이 실행되도록 하겠다는 의지가 담겨 있는 말이다. 아내가 아들에게 한 약속은 애초 진정성이 없었던 것이나, 증자는 아내의 말에 끝까지 진정성을 부여하고자 했다. 아무리 적극적이고, 다른 사람과 잘 어울리고, 내공을 쌓고, 일을 잘하는 사람이더라도 진정성이 결여되어 있다면 그 사람의 가치는 사상누각沙上樓閣에 다름 아니다. 조직생활에서도 일과 사람에 대한 진정성이 빠져 있다면 그저 '흉내'를 낸 것이거나 '코스프레'를 한 것과 같다. 상사와 부하, 대리점 사

---

8) 중국 춘추전국 시대 유가 사상가이자 공자의 제자로 이름은 증삼(曾參)

장과 직원, 유관 부서와 협력 업체 등 모든 사회생활에서의 관계 맺기에서 진정성이 가장 중요하다.

증자의 이야기에서 아내의 발언과 같이 사람들은 우선의 상황을 유리하게 하거나 당장의 위기를 모면하기 위해 입에 발린 소리를 하는 경우가 많다. 그렇지 않다면 자기를 좀 더 돋보이게 하고 싶거나 허세를 부릴 때에도 진정성 없는 말을 하게 된다. '저랑 팀장님이랑 친하니까 저만 믿으세요'라고 비즈니스 파트너에게 호언장담豪言壯談을 하거나 '사장님을 평소에 존경했습니다'라고 처음 만난 대리점 사장에게 교언영색巧言令色하는 발언을 하거나, 매일 칼퇴근을 하는 직원이 '저처럼 회사 걱정하는 사람이 누가 있나요?'라는 표리부동表裏不同한 발언을 하는 등 회사생활을 하다 보면 진정성이 부족한 말들을 듣는 경우가 있다. 이러한 발언을 자주 행하는 사람일수록 본인의 평판 계좌는 마이너스가 될 것이다. 사실 아쉬울 때 부탁하고 "다음에 밥 한번 사줄게"라고 쉽게 하는 인사에서 '다음'이 지켜지는 날이 언제일까? 아무리 사소한 발언과 약속이라도 진실에 바탕을 두고 말이 아닌 행동으로 그것이 지켜질 때 자신의 평판 계좌는 흑자로 늘어날 것이며 더 좋은 기회를 맞이할 수 있을 것이다.

내가 나의 진정성을 보여주기 위해 성실히 노력하고 신실하게 언행을 가다듬으면 비록 시간이 걸릴지라도 결국 상대방도 나를 진정성 있게 대하게 된다. 그렇게 하기 위해서는 일상생활에서 평소 자신의 언행에 일관성을 갖도록 하며 상대의 허물에 대해서도 다소 관대해질 필요가 있다. 내가 상대방에게 나를 진실한 사람으로 믿게 만들면 상대방도 자연스럽게 진심으로 나를 대해 주게 된다. 이는 상대의 진정성을 받아들이게 되면 자신도 이에 상응하는 진정성을 상대에게 보이기 마련이라는 것이다. 이를 심리학에서는 '상호성의 법칙law of reciprocality'이라고도한다. 오는 진정성이 있으면 가는 진정성이 있는 것이다.

『삼국지』에 나오는 칠종칠금七縱七擒의 고사는 이러한 인간 심리를 잘보여준다. 칠종칠금은 제갈량이 북벌을 나서기 전 촉한蜀漢의 내부 평정을 위해 반란군의 우두머리 격인 남만의 맹획孟獲을 일곱 번 잡고 일곱번 놓아주었다는 고사이다. 상대를 마음대로 요리할 수 있는 제갈량의출중한 능력을 비유하는 말이기도 하지만, 달리 생각해보면 제갈량이상대에게 진정성 있는 항복을 얻기 위해 스스로 상대에게 지극한 진정성을 보인 인내와 노력의 성공 스토리라고도 할 수 있다. 맹획은 진정으로 우러나오는 항복을 한 후, 조공을 바치기로 맹세하게 되고 결국제갈량은 남만을 평정할 수 있었다. 이렇듯 상대로부터 진실된 마음을얻기 위해서는 나 스스로 진정성 있는 노력을 일관되게 보여줘야 하는것이다.

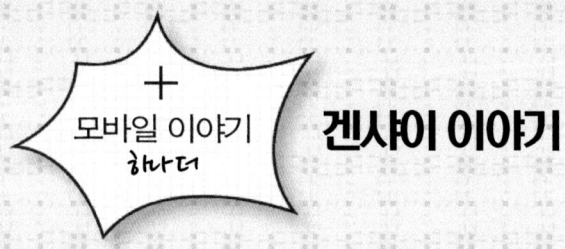

마케터는 기본적으로 핸드폰이 없으면 일을 할 수가 없다. 핸드폰을 중심으로 모든 업무가 매트릭스처럼 짜여 있다고 해도 과언이 아니다. 핸드폰을 통해 항상 상대와 소통해야 하고 내용을 확인해야 하며 업무를 처리해야 한다. 그렇기 때문에 핸드폰은 마케터의 개인 비서이자 분신이기도 하다. 일상생활과 회사 업무에 있어서 너무나 소중한 존재가 바로 핸드폰이다.

그런데 이렇게 소중한 친구를 우리는 고마움을 잊은 채 너무 험하게 다루는 것은 아닌지 반성해본다. 실제로 어떤 사람들은 상대방과 통화 연결이 잘 안 되거나 기분 나쁜 일이 있으면 핸드폰을 집어 던지기까지 하며 애꿎은 핸드폰에 화풀이를 하는 경우를 볼 때도 있다. 자신의 핸드폰이 무선 인터넷 접속이 느리거나 작동 오류가 발생할 때는 어떤가? 어김없이 핸드폰에게 험악한 소리를 하지는 않는가? 필자의 경우도 돌이켜보건대, 핸드폰을 자주 떨어뜨리기도 했고 작동이 빨리 안 되면 불만을 쏟아냈으나 정작 핸드폰에는 푹신한 케이스도 잘 입혀주지 않았다.

필자는 최근에 교체한 지 얼마 되지 않은 신형 핸드폰에 돌연 침수가 발생하여 불편함과 번거로움을 겪었다. 그동안 핸드폰을 바닥에 떨어뜨린 적은 종종 있었지만 그때마다 멀쩡했는데 한 번은 하필 핸드폰이 떨어진 바닥에 습기가 있어서 핸드폰 기기 안으로 침수가 발생한 사건이 있었다. 다행히 핸드폰에 저장된 데이터를 백업하고 주소록도 옮겼지만, 화면 표시가 제대로 되지 않아서 메인보드를 통째로 갈아야 하는 상황이었다. 기기 수리 기간 동안 할 수 없이 임대폰을 썼는데 불편한 점이 한두 가지가 아니었다. 핸드폰의 소중함에 대한 새삼스러운 자각과 정성스럽게 다루지 못했음에 대한 후회가 끝없이 밀려왔다.

문득 '겐샤이 Genshai'라는 말이 떠오른다. 케빈 홀 Kevin Hall 은 그의 저서 『겐샤이』에서 인생을 위한 단어 수업의 첫 번째 단어로 '겐샤이'에 대해 설명한다. 겐샤이는 고대 힌디어로 누군가를 대할 때 결코 그가 스스로를 작게 느끼도록 대해서는 안 된다는 의미이다. 필자는 그 '누군가'는 사람 자기 자신을 포함하여 이나 생명체뿐만 아니라, 모든 사물에도 적용된다고 믿는다. 즉, 아무리 미천한 대상이라 할지라도 그것을 존중하고 사랑하는 자세로 대해야 하며 그것이 결국 모두의 삶을 더 좋게 바꾼다는 것이다. 주변의 모든 사물을 존중하고 소중하게 다루며 감사하는 마음을 가져보자. 특히 우리를 위해 쉬지 않고 일하는 핸드폰에는 더욱 아끼는 마음을 가져보자. 필자는 이번에 수리가 끝난 핸드폰을 돌려받으면 앞으로는 꼭 정성스럽게 '겐샤이'하길 다짐하며 소중한 친구 핸드폰이 빨리 돌아오기를 학수고대하고 있다.

Chapter
FIVE

다양한 유통망과 서비스

Establish channels for different target markets
and aim for efficiency, control, and adaptability.
서로 다른 타깃 시장들을 위해 다양한 채널들을 구축하라.
그리고 효율, 통제, 적응성을 추구하라.

- 필립 코틀러 -

ONE
다양한 형태의 유통망

지금까지 이 책에서 설명한 유통망은 대리점의 소매 매장 중심이었다. 소매 매장은 통신사와 전속으로 계약한 대리점의 매장을 말하며 고객과 대면 상담을 통해 핸드폰을 판매하고 가입자를 모집하는 접점이다. 그리고 소매 매장과 판매점과의 차이에 대해서도 설명했다. 판매점은 통신 3사의 대리점 모두와 계약을 맺을 수 있고 해당 대리점으로부터 단말기를 공급받아 판매 마진을 취하는 유통점이다. 그렇기 때문에 판매점에서는 통신 3사 단말기를 모두 취급할 수 있다. 대리점 소매 매장과 판매점, 이 두 가지 유통 채널이 전통적인 통신 시장에서는 주요 유통망이라고 할 수 있다.

지금부터는 앞에서 언급했던 일반적인 유통 채널과는 다른 형태의

유통망에 대해 이야기해보고자 한다.[9]

특수 유통망

특수 유통망은 하이마트, LG 베스트샵, 삼성 디지털 프라자, 전자랜드 등 IT 기기, 백색가전 등 전자제품을 전문으로 유통하는 매장에 핸드폰을 판매하는 별도 공간을 운영하는 형태이다. 예를 들어, 하이마트 매장 내에 '모바일 코너'라는 별도 공간에서 핸드폰 판매를 전담하는 직원이 고객 유치 활동을 벌이는 것이다. 이곳에서는 통신 3사 모두의 통신 서비스를 함께 취급하고 있다. 앞에서 설명한 대로 대리점은 통신사 한 곳의 전속적인 유통망이고 판매점은 여러 곳의 대리점과 계약을 통해 핸드폰을 납품받아 통신 3사 모두를 취급할 수 있다고 했다. 그렇다면 하이마트와 같은 특수 유통망의 경우 통신 3사 모두를 취급하고 있으니 판매점이라고 해야 할까? 그러나 실상은 대리점이다. 통신 3사들이 각각 모두 하이마트와 대리점 계약이 되어 있는 구조여서 말 그대로 '특수'한 유통망인 것이다. 이는 LG 베스트샵, 삼성 디지털 프라자, 전자랜드 등도 동일한 상황이다.

하이마트, 전자랜드에서는 IT 기기, 백색가전 등의 상품 역시 다양한 제조 회사로부터 제품을 공급받아 판매하고 있다. 삼성, LG, 만도, 대우 등 다양한 브랜드의 상품을 판매하고 있으며 이는 핸드폰 기종의 경우

---

9) 이 장에 유통망에 대한 설명 중 가격 부분에 대해서는 단말기 유통구조 개선법 시행 이후, 공시된 가격 기준에 의해 운영되고 있음을 미리 밝혀둔다.

에도 마찬가지이다. 삼성전자, LG전자, 팬텍 계열 등 다양한 제조 회사의 핸드폰을 취급하고 있다. 반면, LG 베스트샵, 삼성 디지털 프라자는 상황이 좀 다르다. LG 베스트샵과 삼성 디지털 프라자는 각각 LG전자와 삼성전자의 유통 자회사이다. 그렇기 때문에 LG 베스트샵은 LG전자에서 생산된 제품만을, 삼성 디지털 프라자는 삼성전자의 제품만을 취급하는 것이다. 핸드폰 기기도 예외는 아니다. 다만 통신사는 3사 모두 서비스 가입이 가능하다.

　고객들은 특수 유통망에 가전제품을 사러 가는 걸음에 같은 곳에서 핸드폰도 함께 구매할 수 있어서 편리한 면이 있다. 그렇다면 고객의 입장에서는 이러한 특수 유통망에서 구매하는 것이 가격면에서 더 유리할까? 이 질문에 대한 대답 역시 '그때그때 다르다'이다. 물론 하이마트 등과 같은 특수 대리점은 전국적인 규모의 유통망을 가지고 있는 큰 회사이며 따라서 충분한 마케팅 자본을 활용하여 다른 유통망과 대비해 가격 경쟁력을 확보할 수 있고 이에 따라 고객은 저렴하게 핸드폰을 구매할 수도 있다. 그러나 고객이 핸드폰 구매를 결정하게 하는 데는 다양한 변수들이 있다. 앞에서 설명한 정책의 시점 문제뿐만 아니라, 판매 직원의 역량, 매장의 운영 기간 및 단골 고객의 확보 정도, 매장 환경, 핸드폰 기종과 재고 상황, 자체 행사, 통신사와의 관계 등이 서로 씨줄 날줄로 연결되어 가격이 형성되기 때문에 어느 일방의 유불리를 따지기는 힘든 것이다.

　그러나 이러한 변수들 또한 시간에 따라 변하기 마련이다. 그중 매장 판매 직원의 역량 변화에 대해서만 살짝 언급해보고자 한다. 최근에 특수 유통망을 다녀보면 판매 직원들의 고객 상담 역량이 부쩍 높아진 느낌을 받는다. 사실 이전에는 특수 유통망의 판매 직원들의 고객 상담 실력이 일반 대리점의 판매 직원에 못 미친다는 평가들이 있기도 했다. 일반 대리점 판매 직원은 전속 통신사 상품만 취급해서 업무의 숙련도가 높고 다양한 교육 프로그램 또한 정기적으로 지원받기 때문이다. 심지어 어떤 특수 유통 매장에 방문하면 핸드폰 전문 상담 직원이 아예 없는 경우도 있으며 핸드폰 담당 직원이 있는 매장에서도 기종별 가격 설명만 간단히 하는 정도였다.

그러나 최근 특수 유통망의 동일 매장을 다시 방문해보면 판매 직원의 역량이 눈에 띄게 달라진 모습이다. 특수 유통망 담당자들이 과거보다 교육을 통한 직원 판매 역량 향상의 필요성을 더욱 절감하고 집중적인 노력을 기울이고 있다. 매장 직원들의 복장과 자세도 더욱 깔끔해지고 친절해졌다. 가격과 요금 상담은 기본으로, 결합 상품, 부가서비스, 통신비 절감 방법, 경쟁사 간 특징 비교 등 상담의 전문성이 부쩍 높아진 느낌이다. 오히려 '전속 대리점의 매장 직원들이 더욱 긴장해야겠구나' 하는 생각이 들 정도다.

대형 유통망

대형 유통망은 우리가 흔히 식료품, 공산품 등을 구매하는 홈플러스, 이마트, 롯데마트 등 대형 할인 마트에 대리점 매장이 입점해서 핸드폰을 판매하는 형태이다. 한 곳에서 통신 3사를 다 취급하고 고객이 핸드폰 구매가 아닌 다른 품목의 쇼핑을 목적으로 매장에 방문하는 경우가 많은 것 등은 앞에서 설명한 특수 유통망과 성격이 유사한 부분이다. 그러나 대형 유통망의 경우 홈플러스나 이마트 등이 대리점의 지위로 영업을 하는 것이 아니라 매장 내 특정한 자리만 빌려주면 특정 대리점에서 입점해서 판매하는 형태로 이루어진다.

통신 판매는 일반 상품처럼 고객이 구매를 완료하면 판매 과정이 종료되는 것이 아니라 개통 절차와 개통 후 회선 유지를 위한 고객 관리 등이 중요한데, 대형 할인 마트는 이러한 부분을 관리하기 위한 조직과 역량을 갖추기 어려운 실정이다. 이와는 달리 하이마트 등 가전 판매 전문 회사는 취급하는 품목이 서로 유사하기 때문에 핸드폰 판매 관리에 대한 역량을 구축하기가 상대적으로 용이하다. 그렇기 때문에 다른 IT 기기와도 판매에 대한 시너지 효과를 쉽게 기대할 수 있다. 그러나 대형 할인 마트는 취급하는 품목과 업종이 워낙 다양하기 때문에 핸드폰 판매 관리를 위한 조직을 별도로 운영하는 것보다는 핸드폰 영업에 노하우가 있는 특정 대리점에게 외주를 주는 형태가 더 효율적이라고 판단하는 것이다.

고객의 입장에서는 할인마트에 장을 보러 갔다가 핸드폰도 같이 구매할 수 있어서 시간을 절약할 수 있는 편리한 점이 있다. 그러나 대형 유통망은 할인 매장에 입점해 있는 형태의 매장이므로 매장 규모가 대체로 협소하고 매장 환경에 따라서는 전문적인 상담을 받거나 기기를 시연하는 것 등은 상대적으로 불편한 측면이 있을 수도 있다.

홈쇼핑

홈쇼핑을 통해 고객이 핸드폰을 구매하는 방법도 있다. 홈쇼핑의 매력은 고객이 매장에 방문하지 않고 집에서 편하게 전화 한 통으로 핸드폰 구매 절차를 완료할 수 있다는 데 있다. 앞에서 본 특수 유통망 회사들의 경우와 마찬가지로 통신사들은 GS, CJ, 롯데 등 홈쇼핑 회사들과의 계약을 통해 홈쇼핑 판매를 시행하고 있다. 즉, 홈쇼핑사도 통신사와 계약 관계를 통해 대리점의 지위를 갖게 되는 것이다. 몇 해 전만해도 홈쇼핑사는 통신사와 대리점 계약을 하지 않고 개별 대리점과 방송 시간을 계약하는 구조였다. 홈쇼핑사에서는 방송 시간을 대리점에 판매하고 대리점은 고정 방송비를 홈쇼핑사에 지불해 해당 판매 방송 시간 안에 최대한 많은 가입자를 모집하여 수익을 남기는 형태로 진행되었던 것이다.

이러한 판매 구조에서는 홈쇼핑사는 방송 시간만을 팔아 고정 수익만 올리면 되는 것이지 실제 방송을 통해 상품 판매가 잘되고 못 되고는 크게 관여할 바가 아니다. 핸드폰 주문 및 개통 처리 과정에 대해서도 고객 불만이 발생하지 않도록 관리만 하면 되기 때문에 가입 성공률도 큰 관심 사항은 아니다. 대신 이렇게 방송 시간만을 파는 판매 구조에서는 핸드폰 방송 판매가 대박이 났을 경우 판매 매출, 마진 및 가입자 관리수수료는 고스란히 대리점 몫이 되는 것이다.

홈쇼핑사는 홈쇼핑을 통한 대리점 판매량이 늘어나고 핸드폰 방송 판매에 대한 노하우가 축적되자 홈쇼핑 핸드폰 판매 시장을 서서히 주목하게 되었다. 홈쇼핑사 입장에서도 고정된 방송 시간 판매보다는 적극적인 핸드폰 방송 판매로 추가적인 매출을 확보함과 동시에 이를 새로운 성장동력으로 활성화시킬 필요가 있었다. 이러한 방향에 따라 홈쇼핑사들은 통신사와 직접 대리점 계약을 하고 판매, 상담, 개통, 발송, 반품까지 전 과정을 책임지고 운영하게 된 것이다.

그렇다면 홈쇼핑을 통한 핸드폰 판매는 어떠한 특징이 있을까? 가장 중요한 특징은 홈쇼핑을 활용하는 주요 고객층이 뚜렷하게 구분된다는 것이다. 주요 고객층의 연령층이 40~60대 여성이기 때문에 핸드폰은 가격이 저렴하고 기능이 무난한 기종이 선호된다. 따라서 홈쇼핑사에서는 출시된 후 기간이 좀 지났거나 높은 사양이 아닌 보급형 핸드폰 기종을 주로 판매한다.

보통 1시간의 방송 동안 한두 종류의 기기를 계속해서 반복하여 소개한다. 간혹 홈쇼핑을 이용하는 고객들이 핸드폰 방송할 때 다양한 기종의 핸드폰을 소개해주면 좋겠다는 얘기를 하는데 그건 현실적으로 쉽지 않다. 홈쇼핑사 입장에서는 한 가지 상품만을 운영해야 판매 수량에 따른 규모의 경제가 가능하며 주문, 상담, 배송 등의 판매 과정에서 발생할 수 있는 오류도 최소화할 수 있는 것이다.

온라인 유통망

인터넷 기반의 온라인 유통망은 인터넷 사용 환경에 익숙한 20~30대 고객이 선호하는 핸드폰 구매 채널이다. 온라인 쇼핑에서 상품을 구매하는 것과 동일하게 원하는 조건의 핸드폰을 선택하고 인터넷상에서 가입신청서를 작성한다. 이 과정을 통해 구매가 확정된 고객은 퀵이나 택배를 통해 개통된 핸드폰을 받거나, 핸드폰을 받고 나서 업체에 연락해 원격으로 핸드폰을 개통해서 사용하게 된다. 11번가, G마켓 등 온라인 사이트는 이를 이용하는 사람은 누구라도 핸드폰 구매를 희망할 수 있는 '오픈 마켓' 형태의 판매 방식이지만, 버스폰 카페, 뽐뿌 등 별도의 회원가입 절차를 통해 등록된 고객을 대상으로 폐쇄적인 커뮤니티 형식의 판매 방식도 있다.

온라인 유통망 역시 핸드폰을 구매하려는 고객이 시간과 공간의 제약 없이 인터넷 판매 사이트에 접근할 수 있고 구매 결정에 대한 시점도 자유롭다는 측면에서 편리하다. 판매자 입장에서도 일반 매장을 운영했다면 지출해야 할 점포세, 인건비 등의 고정비가 들어가지 않고 비교적 저렴한 비용으로 전국적인 고객을 유치할 수 있으며, 핸드폰 판매 가격과 기종을 시점에 따라 자유롭게 변경 가능하다는 것이 장점이다.

다만, 이러한 핸드폰 판매 방식은 판매자와 구매자가 서로 얼굴을 마주하여 상담을 통한 판매가 이루어지는 형태가 아닌 비대면적인 유통망의 특성 때문에 사기성 판매에 의해 피해가 발생할 수도 있어서 이에 대해 각별한 주의가 필요하다. 고객이 판매자가 온라인 사이트에서 명시했던 조건을 제대로 이행하지 않고_{예를 들면, 보조금 지급 조건 등} 잠적해버리는 이른바 '먹튀' 판매의 피해자가 될 가능성이 있기 때문이다.

방문 판매 유통망

화장품, 정수기, 학습지 등은 대표적으로 판매자들이 고객을 직접 찾아가는 방문 판매라는 유통 모델을 통해 성장한 업종이다. 핸드폰 판매 유통망 중에도 사람과 사람 사이의 친밀한 관계 형성에 기반을 둔, 대면 판매를 전문으로 하는 채널이 있다. 판매자 중 사람 만나는 일 자체를 좋아하거나, 천성적으로 한곳에 머무르기보다는 외부로 돌아다니는 일을 좋아하는 사람, 당장 매장을 차릴 자본은 없지만 인맥이 넓고 영업력이 뛰어난 사람에게는 방문 판매가 제격이다.

또한 고객 중에서도 방문 판매 형태를 선호하는 사람들이 있다. 재택근무, 건강 등의 이유로 외부에 나가는 것이 힘든 사람, 노출이 부담되는 유명인이나 항상 바빠서 시간이 부족한 사람 등이 그들이다. 이러한 방문 판매 유통망을 통한 구매는 고객과 판매자가 서로 친분이 있는 관계이기 때문에 신뢰를 기반으로 상호 간의 완전하고 안정적인 판매가 이루어진다는 장점이 있다.

최근에는 핸드폰뿐만 아니라 핸드폰과 관련된 IT 기기들까지도 방문 판매를 하되 컨설팅과 권매를 겸하는 전문 인력들이 활동하기도 한다. SLC Smart Life Consultant 라고도 하는 이러한 방문 판매 전문 인력들은 말 그대로 단순히 핸드폰 판매에만 그치는 것이 아니라 고객에게 더 나은 가치를 제공하고 고객의 스마트한 생활에 대한 컨설팅 역할까지도 해준다는 것이다. SLC들은 대면 방문 판매의 장점을 활용하여 고객에게 핸드폰의 세부적인 활용 방법뿐만 아니라 핸드폰을 중심으로 파생되는 주변 기기 등 다양한 IT 상품에 대한 소개와 판매를 통해 고객의 잠재된 수요를 창출하는 노력을 하고 있다.

TWO
다른 형태의 통신 서비스

대부분의 고객이 핸드폰을 통해 사용하게 되는 통신 서비스는 통신 3사 유통망에서 가입한 것이며 고객의 사용 요금은 한 달간 사용하고 난 뒤 요금청구서를 통하거나 자동이체로 납부하게 된다. 그러나 많은 고객이 경험하는 이러한 일반적인 방식과는 조금 다른 경우도 있다. 고객의 다양한 필요를 충족시키고 통신 시장의 경쟁 활성화를 촉진하기 위해 운영 중인 가상이동통신망 서비스, 선불이동전화 서비스 등을 통해 통신 서비스를 받는 방법도 있다. 이 장에서는 이처럼 고객이 사용할 수 있는 또 다른 형태의 통신 서비스에 대해서 설명하고자 한다.

가상이동통신망MVNO 서비스

   지금까지 설명한 통신 서비스에 대한 주제들은 모두 MNO에 대한 내용들이다. MNO Mobile Network Operator 는 주파수를 보유하고 있는 이동통신망 사업자를 나타내는 말이다. SK텔레콤, KT, LGU+가 바로 MNO이다. 이와는 다르게 MVNO Mobile Virtual Network Operator 라고 불리는 사업자가 있다. MVNO는 MNO로부터 통신망을 임대받아서 고객에게 별도의 통신 서비스를 제공하는 가상이동통신망 사업자를 가리키는 말이다.

SK텔링크에서 운영하는 MVNO 사업 소개 자료

자료: SK텔링크 홈페이지

MVNO의 통신망은 MNO로부터 빌려 쓰되 회사별로 개별 요금제 구성 및 고객 관리 시스템을 구축하여 독자적으로 고객을 모집하고 통신 서비스를 제공할 수 있다. 현재 SK텔링크, CJ헬로비전, KCT 등 20여 개 업체가 MVNO 사업을 운영 중이다.

MVNO 서비스는 고객 편익 및 통신 시장 경쟁 활성화를 위해 지난 2011년부터 도입되었다. '알뜰폰'이라는 저가폰의 대명사로 저가 단말기 및 요금제를 표방하며 고객 유치를 확대하고 있다. 데이터 사용량 및 통화량이 많지 않고 저렴한 비용으로 회선을 유지하면서 핸드폰을 사용하려는 중장년층 고객들이나 어린 학생들을 주요 고객으로 삼고 있다. 그러나 MVNO 서비스는 제한적인 단말기 운영, 서비스 홍보 미비, 유통 채널 부족 등 초기 시장 형성에 어려움이 있었다. 하지만 최근 우체국, 홈쇼핑 등 판매 채널 확대, 단말기 기종 다양화, 저렴한 요금제 홍보 강화 등의 노력으로 꾸준한 시장 확대가 진행 중이며, 2014년 9월 말 기준으로 전체 누적 가입자가 400만 명을 돌파한 수준으로 시장이 성장하였다. 특화 서비스 및 콘텐츠 부족, 콜센터 등 고객 접점 채널 미흡 등 아직은 MVNO 서비스에 개선해야 할 과제가 많아 보인다.

선불이동전화 서비스 PPS

우리나라의 통신 요금에 대한 청구 체계는 기본적으로 후불 방식이다. 고객이 한 달 동안 사용한 통신 요금은 핸드폰을 사용한 당월이 지난 후 다음 달에 청구된다. 즉, 선先사용 후後지불이다. 그러나 이러한 통상적인 방식과는 반대로 요금을 먼저 지불하고 지불한 요금만큼의 통신 서비스를 사용하는 방식이 있다. 이것을 선불이동전화 서비스라고 하는데 PPS Pre-Paid Service 라고 부르기도 한다. 선불이동전화 서비스는 앞에서 설명한 MVNO 가입자들의 경우보다 더 적은 양의 통신 수요만 있는 사람들이나, 국내에 단기 체류하는 경우가 많은 외국인들이 주로 이용하는 서비스라고 할 수 있다.

선불이동전화는 가입비와 기본료가 별도로 없어서 회선 유지에 드는 비용은 저렴하나 초당 통화료는 후불 방식보다 더 비싸다. 시중에 유통되는 선불전화카드를 구매하여 카드번호를 입력해서 충전하거나, 통신사 지점이나 대리점에 방문하여 직접 현금으로 충전하는 방식을 통해 사용할 수 있다.

실제로 국내로 이주한 외국인 노동자 다수가 거주하고 있는 안산의 단원구 원곡동을 가보면 외국인 고객을 대상으로 선불전화카드를 판매하는 다양한 형태의 유통망들을 쉽게 찾아볼 수 있다. 선불전화카드를 판매하는 데 별도의 공간이 크게 필요하지 않기 때문에 주로 식료품점, 잡화점 등 비통신 매장에서 선불전화카드 판매업도 겸하는 경우들이 많다. 또한 특정 장소에는 선불전화카드를 사용할 수 있도록 발신전용 전화기를 공용으로 여러 대 설치하여 통화 소비를 장려하는 모습도 볼 수 있다.

그러나 선불이동전화 시장은 전체 이동전화 중 미미한 부분을 차지하고 있고 앞으로 그 규모의 확대도 쉽지 않을 것으로 보인다. OECD 국가들과 비교했을 때에도 선불이동전화 시장의 규모는 평균보다 훨씬 낮은 수준이다 선불 가입자 비중: 멕시코 91%, 이탈리아 83%, 우리나라 2%.(2011년 기준) . 이러한 결과의 이면에는 이동전화 시장 초기의 기술적인 방식의 차이CDMA 기술 중심의 우리나라와 GSM 기술 중심의 유럽, 선불이동전화에 대한 인식, 단말기 보조금 및 수급 구조, 요금 충전 방식 등 여러 가지 사유가 있을 수 있다.

그런데 핸드폰 사용료에 대해 후불 방식이 중심이 된 이유는 우리나라 국민의 문화적인 정서에서도 찾을 수 있다. 우리나라 국민의 서비스에 대한 '사용료'의 개념은 오랫동안 후불이었기 때문이다. 가스비, 전기료, 관리비 등의 요금 역시 사용 후 지불 방식을 자연스럽게 생각하며, 식당에서 밥 한 끼 먹을 때도 밥값이 선불인 식당이면 왠지 불편하고 어색하게 느껴지는 것도 사실이다.

선불이동전화는 통신 3사는 물론, 앞에서 설명한 MVNO 사업자들도 서비스를 시행하고 있다. 일반적으로 사용하고 있는 후불 방식보다 저렴한 비용으로 이동전화 회선을 유지하면서 발신 통화를 최소화하려는 성향의 고객이라면 선불이동전화 가입도 고려할 만하다.

다단계 판매 이야기

핸드폰은 다양한 형태의 사업과 결합 및 파생시키기 좋은 아이템이다. 핸드폰 유통은 다양한 확장성을 가지기 때문이다. 예를 들어, 증권사의 경우 최근 스마트폰을 사용하여 주식을 거래하는 고객이 증가함에 따라, 통신사와 제휴하여 고객의 주식 거래 실적을 바탕으로 최신 스마트폰을 할인 구매하는 방식의 세일즈한다. 노트북과 PC를 전문으로 판매하는 업체에서는 고객이 노트북을 살 때 핸드폰도 패키지로 구매하면 할인 혜택을 주는 방식으로 영업하기도 한다. 이처럼 핸드폰으로 다양한 사업과의 연계가 가능한데, 여기에는 다단계 형태의 영업도 있을 수 있다.

기본 방식은 다단계 사업체가 판매하는 여러 품목 중 하나로 핸드폰도 추가해서 판매하는 것이다. 다단계 사업체의 회원을 대상으로 핸드폰이 정상적인 판매 과정을 거치는 경우도 있다. 문제는 직접판매공제조합이나 특수판매공제조합에 가입된 다단계 회사라고 해도 모든 사업 내용의 정당성과 합법성을 담보할 수는 없다는 것이다. 따라서 다단계 사업체와 연계된 형태의 핸드폰 가입은 신중하게 바라볼 필요가 있다.

특히 '누구나 무자본/무점포로 고액의 수익을 거둘 수 있다'는 과장 광고를 통해 사람들을 모집하는 경우가 많은데, 이에 대해 각별한 주의가 필요하다. 대부분의 경우, 불법 다단계 업체는 구직을 희망하는 사람들에게 간단한 교육 과정을 대충 거치게 한 뒤, 업무용 핸드폰이라는 명목으로 우선 개통부터 하게 만든 다음 판매 장려금을 사취하고 사라진다. 결국 핸드폰으로 열심히 돈을 벌려고 했던 선량한 사람들만 고스란히 피해를 보게 된다. 피해 사례가 최근에도 발생하고 있는데, 2014년 6월에도 핸드폰 다단계 회사를 차려 고수익을 미끼로 투자자를 유인하고 직원들에게 핸드폰 판매와 회원 가입비를 받는 수법으로 487억 원을 사취한 업체 대표가 구속된 사례가 있다.

이처럼 억울한 피해를 당하지 않으려면 어떻게 해야 할까? 우선 적은 노력으로 쉽게 돈을 벌려는 욕심부터 줄여야 하지 않을까 싶다. 아무리 말을 잘하는 사기꾼이라도 욕심이 없는 사람을 속일 수는 없을 테니까. 세상에서 대가 없이 쉽게 많은 돈을 벌 수 있는 곳은 없을 것이다. No pains, no gains!

영화 속 전화기 이야기

핸드폰부스

핸드폰을 소재로 한 두 영화 「핸드폰」과 「폰부스Phone Booth」는 모두 전화기가 영화의 스토리를 이끌어가는 중요한 매개체로 나온다. 「핸드폰」에서는 핸드폰, 「폰부스」에서는 공중전화기이다. 뉴욕이 배경인 「폰부스」는 2002년, 서울이 배경인 「핸드폰」은 7년 뒤인 2009년 작품이다. 개봉 시기는 다르지만 묘하게 닮아 있는 두 영화의 장르는 공교롭게도 모두 스릴러이다.

「폰부스」는 주인공 스투 세퍼드 역할의 콜린 파렐의 연기가 돋보이는 영화다. 혼자서 좁은 공중전화부스에 갇혀 원맨쇼 상황극을 펼치는 것은 쉬운 일이 아니다. 공중전화기에 걸려 온 알 수 없는 상대방의 전화를 받게 되면서부터 스투 세퍼드는 점점 더 걷잡을 수 없는 상황에 빠져들게 된다. 저격수임을 자처하는 상대방은 공중전화부스 근처에 있는 사람의 목숨까지 희생시키며 스투 세퍼드를 협박한다. 경찰이 출동하고 현장이 생중계되는 가운데 주인공은 살인 누명까지 쓰면서도 공중전화기를 붙든 채 점점 인생의 나락으로 떨어져간다. 여전히 목소리만 나오는 상대방은 스투 세퍼드에게 사람을 대하는 거만한 태도, 가식 덩어리인 허세, 유부남인데도 미혼인 척 행동하며 다른 처녀를 넘보려는 수작 등을 문제 삼으며 대중 앞에 자신의 나약하고 거짓된 모습

「폰부스」(2002)

을 솔직하게 고백하라고 다그친다. 공중전화부스에 갇혀 수화기 건너편의 정체 모르는 상대와 대결을 벌이게 되는 불쌍한 주인공. 사실 치고받는 대결이라기보다는 주인공이 상대방에게 일방적인 폭력을 당하는 상황에서 살아남기 위한 처절한 대응이다.

「핸드폰」은 핸드폰을 잃어버린 주인공 오승민^{엄태웅 扮}이 핸드폰을 습득한 상대방 정이규^{박용우 扮}로부터 핸드폰을 돌려받기 위한 처절한 여정을 보여준다. 습득한 사람은 핸드폰을 빨리 돌려주고 분실한 사람은 사례금을 많이 챙겨주는 훈훈한 마무리로 이어지지 못하고 자꾸 일이 꼬여간다. 핸드폰을 돌려받으려는 과정에서 두 사람은 점점 더 서로를 망가

「핸드폰」(2009)

뜨리고 사건은 걷잡을 수 없이 확대되어만 간다. 결국에는 정이규도 전신 화상을 입고 오승민의 아내도 죽음에 이르게 되어 모두의 인생이 철저히 파괴되는 파국을 맞고 만다. 이 모든 일이 핸드폰 하나 때문에……

　이 두 영화는 똑같이 공중전화와 핸드폰이라는 '전화기'가 사건의 주요 모티브이다. 그런데 서로 닮은 듯 안 닮은 부분들이 많다. 「폰부스」에서의 전화는 유선전화이기 때문에 주인공은 상대방과 대결하는 동안 공중전화부스라는 특정 공간을 벗어날 수가 없다. 처음부터 주인공은 상대방에게는 고정된 표적이다. 주인공은 한정된 환경에서 상대방의 공격에 최대한 방어밖에 할 수 없는 불공평한 게임이다. 상대는 주인공에 대해서 잘 알고 있지만 주인공은 끝까지 상대가 누군지 모른다. 기껏해야 마지막 순간에 경찰이 상대방을 잡으러 가도록 시간을 벌어주는 정도로 응전한다.

　「핸드폰」은 다르다. 핸드폰은 이동전화이기 때문에 주인공과 상대방은 서로 바쁘게 움직이며 추격전을 벌인다. 서로는 고정된 표적이 아니라 계속해서 이동하는 무빙 타겟 moving target 이다. 주인공이 핸드폰을 돌려받기 위해 상대방을 추격하는 과정에서 화끈한 타격전도 보여준다. 이러한 복수는 또다시 피의 복수를 부르며 점점 서로를 망가뜨려간다.

　익명성 측면에서도 두 전화기의 특징이 흥미롭게 대비된다. 공중전화의 전화기로 통화할 때는 어느 정도 '나'를 숨길 수가 있다. 스투 세퍼드도 굳이 핸드폰을 두고 공중전화기로 일탈을 시도하려고 했던 이유도 그것이다. 그러나 핸드폰은 개인화된 기기이다. 내밀한 사적 영역이 핸드폰에 그대로 들어 있다. 그래서 불순한 의도가 있는 사람이 나의 핸드폰을 가지게 되는 순간 나는 위험에 빠질 수 밖에 없다. 오승민도 타인이 봐서는 안 되는 내용이 들어 있는 자신의 핸드폰을 타인이 가지고 있는 것 자체가 심각한 상황이라고 생각했기 때문에 핸드폰을 돌려받기 위해 무리수를 둔 부분도 있다.

그런데 이 두 영화는 결국 주인공의 태도의 문제로 귀결된다. 애초에 삶을 살아가는 태도가 진실했으면 발생하지 않았을 사건들이다. 「폰부스」의 스투 셰퍼드도 사람을 대하는 태도 전화받는 태도도 포함하여가 선량하고 공손했으면 겪지 않았을 험악한 상황에 빠지게 된 것이고, 「핸드폰」의 오승민도 핸드폰을 돌려받을 정이규에게 처음부터 반말과 욕설이 아닌 최대한 공손한 태도로 부탁했다면 피를 부르는 잔혹 스릴러가 아닌 이웃 간의 따뜻한 미담이 되었을 것이지 않은가!

흥미롭게도 두 영화의 결말은 상이하다. 「폰부스」의 스투 셰퍼드는 자신의 잘못된 태도를 솔직하게 인정하고 용서를 구한다. 그 결과 자신은 큰 희생 없이 구원을 얻게 된다. 그러나 「핸드폰」의 오승민은 상대방의 존재를 인정하지 않고 끝까지 대결구도로 몰아가고, 결국 매듭이 풀리지 않고 헝클어진 사건의 종착점은 모두의 파멸이 되고 말았다.

「핸드폰」에서 핸드폰 기술의 시대상도 엿볼 수 있는데 오승민이 정이규와 통화하는 중에 배터리가 없다며 충전을 시도하는 장면이 나온다. 그 장면에서 오승민이 '꼭다리'가 어디 있냐를 외치며 다급하게 무언가를 찾는데 그 '꼭다리'는 충전기 규격이 다른 경우 커넥터 역할을 하는 데 필요한 충전 부품으로, 바로 '젠더 gender'를 지칭하는 것이다.

젠더

2000년대 후반에 핸드폰을 사용했던 독자라면 젠더가 없어서 핸드폰을 충전하는 데 불편을 겪었던 경험들이 한번쯤은 있을 것이다. 요즘은 찾아보기 힘든 당시의 핸드폰 생활상이다.

두 영화를 통해 얻을 수 있는 교훈은 무엇일까? 평소에 핸드폰으로 상대방과 통화할 때 좋은 태도를 갖는 것이 매우 중요하다는 것이다. 물론 필자의 생각이다. 특히 잘 모르는 상대와 통화하게 될 때는 더욱 겸손하고 상냥하게!

에필로그

핸드폰을 통해 더 큰 행복을 느끼시라!

지금까지 핸드폰이라는 주제로 고객이 궁금했을 만한 것들에 대한 이야기를 풀어보았다. 물론 핸드폰에 대한 주제는 무궁무진할 것이며, 이 책은 그중 아주 작은 부분의 궁금증에 대한 해갈解渴일 수도 있다. 핸드폰이라는 이기利器를 통해 경험할 수 있는 다양성만큼이나 독자들이 보다 더 궁금한 부분이 있을 것이기 때문이다. 그러나 필자가 바라는 작은 소망은 이 책이 고객, 판매자, 관련 업계 종사자 등 다양한 독자 제위로 하여금 핸드폰과 이동통신 시장을 둘러싼 환경에 대해 더 잘 이해하게 해줌으로써 사람 간의 소통이 보다 잘 이루어지고 통신 서비스를 통하여 각자가 저마다의 다양한 가능성을 실현해나가는 데 미력이나마 도움이 되는 것이다.

각종 언론에서 고객이 핸드폰을 통해 이동통신 서비스를 가입하거나 사용할 때 통신사와 고객, 대리점/판매점과 고객 사이에 발생하는 갈등 양상이 종종 보도되는 경우를 안타까운 심정으로 바라보게 된다. 사실 통신사, 유통망, 고객은 모두 서로 이 시대 최고의 통신 서비스를 누리며 상생하는 동반자이지 반목하는 대상이 결코 아니다. 핸드폰이라는 공통된 주제에 관련된 많은 사람들의 상호 신뢰와 이해가 바탕이 된다면 핸드폰을 구매하는 고객, 판매하는 매장 직원, 대리점 사장, 대리점을 관리하는 통신회사 마케터 등 모두가 서로에게 지금보다 조금이라도 더 높은 가치를 제공할 수 있을 것이라고 믿는다.

요즘의 우리는 실로 전대미문前代未聞의 새롭고 편리한 통신 서비스를 누리며 살고 있다. 필자가 공연히 하는 말이 아니라 핸드폰과 통신 서비스를 통한 문명의 혜택을 여실히 받고 있는 우리나라의 현재에 새삼 감사하는 마음이 들기 때문이다. 핸드폰 하나만 있으면 그것을 통해 삶의 온갖 다양한 활동들을 다 할 수 있지 않은가? 영화 「캐스트 어웨이」의 주인공 '척 놀랜드'처럼 5년을 무인도에서 혼자 살아야 하는 상황에 있다든가, 영화 「올드보이」의 주인공 '오대수'처럼 15년을 독방에 갇혀 지내야 하는 상황에 처해 있더라도 먹고사는 것에 대한 걱정 없이 지금처럼 무선 인터넷과 핸드폰만 마음대로 사용할 수 있는 환경이라면 영화의 내용도 많이 바뀌지 않았을까 하는 상상도 해본다. 주인공들이 굳이 현재의 상황에서 벗어나려고 처절하게 몸무림치지 않을 수도 있지 않을까?

앞으로 통신 기술과 핸드폰의 기능은 더 진화하고 발전할 것이다. 그렇기에 핸드폰을 통해 삶의 새로운 가능성을 끊임없이 탐색하고 세상에 가치를 더하는 사람들이 점점 더 많아질 것이라는 사실은 틀림없을 것이라고 믿으며, 즐거운 마음으로 미래를 상상해본다. 최근 청소년들의 핸드폰 중독현상을 우려하는 뉴스가 종종 보도되는데 핸드폰은 중독될 대상이 아니라 잘 활용되어야 할 대상이다. 어른들의 관심이 더 필요한 부분이다.

마지막으로 핸드폰 시장에 대해 이해도가 높아져서 원하는 핸드폰을 좋은 조건으로 잘 구매했다면 이제 더 많은 사람들이 핸드폰을 통해 더 새로운 것들을 끊임없이 시도하고 경험하기를 원한다. 핸드폰을 통해 새로운 게임도 하고, 새로운 강의도 듣고, 새로운 사람도 사귀고, 새로운 애플리케이션도 구동해보고……. 그 무엇이든 작은 것부터라도 시도해보는 것이다. 나이의 많고 적음에 상관없이! 연세 많은 필자의 부모님들도 핸드폰의 새로운 기능과 서비스를 가르쳐드릴 때마다 아이처럼 놀라움의 감탄사를 연발하며 끊임없이 배움과 숙달의 길을 도모하고 있다.

　핸드폰을 삶에 적극적으로 활용하려는 노력이 앞을 향한 작은 한 걸음이라면 그러한 한 걸음의 시도가 결국 행복을 가져오는 큰 한 걸음이 될 것이다. 특히 연령이 높으신 사용자들께 더욱 뜨거운 응원을 드리는 마음으로 모든 세대의 독자들께 건투를 비는 바이다. 독자 여러분들이 모쪼록 핸드폰을 통해 인생에서 더 큰 가치와 가능성을 만날 수 있으면 좋겠다.

　필자가 베이징에 있을 때 남자화장실에서 마주친 심오한(?) 글귀를 소개하면서 마친다. 오언절구시五言絕句詩의 한 구절같이 뭔가 있어 보이는 이 문구를 보고 멋진 표현이라고 감탄한 기억이 있다. 적어도 서울의 같은 장소에서 볼 수 있는 '한걸음 가까이' '남자가 흘리지 말아야 할 것은 눈물만이 아니죠' 등의 문구들 보다 멋있게 보이는 것은 사실이다.

향전일소보, 문명일대보 向前一小步, 文明一大步
앞으로의 작은 한 걸음, 문명의 큰 한 걸음

필자는 이렇게 바꾸어 말하고 싶다.

수기일소보, 인생일대보 手机一小步, 人生一大步
핸드폰의 작은 한 걸음, 인생의 큰 한 걸음